恰到好处的做事方式

决定做事成败的尺度与分寸

何菲鹏 编著

中国华侨出版社

图书在版编目(CIP)数据

恰到好处的做事方式 / 何菲鹏编著.—北京:中国华侨出版社,2010.11

ISBN 978-7-5113-0880-1

Ⅰ.①恰… Ⅱ.①何… Ⅲ.①成功心理学-通俗读物 Ⅳ.①B848.4-49

中国版本图书馆 CIP 数据核字(2010)第 219537 号

恰到好处的做事方式

编　　著 / 何菲鹏
责任编辑 / 尹　影
责任校对 / 李瑞琴
经　　销 / 新华书店
开　　本 / 787×1092 毫米　1/16 开　印张/16.5　字数/310 千字
印　　刷 / 北京溢漾印刷有限公司
版　　次 / 2011 年 1 月第 1 版　2011 年 1 月第 1 次印刷
书　　号 / ISBN 978-7-5113-0880-1
定　　价 / 29.00 元

中国华侨出版社　北京市朝阳区静安里 26 号　邮编:100028

法律顾问:陈鹰律师事务所

编辑部:(010)64443056　　64443979

发行部:(010)64443051　　传真:(010)64439708

网址:www.oveaschin.com

E-mail:oveaschin@sina.com

前　言
preface

在这个世界上，谁不想出人头地？谁不想做一番轰轰烈烈的大事？可是，一个人能否成大事，也是由众多因素决定的。人与人不一样，事与事有区别，不可能人人都合我们的心思，事事都如我们的意愿。

那么，如何解决这些人与人、事与事之间的矛盾呢？唯一的途径就是掌握恰到好处的做事方式，只要做事方法恰到好处，你就会做事有成，在最短的时间内赢得最大的成就。

当今社会，仅靠苦干来提高效率已经远远不够，要恰到好处地做事就应该带着思考去做，理性地处理问题。不仅要善于借助他人的力量，还要能够在难于突破的问题上积极创新、不墨守成规。成功者与失败者的最大区别并不只在于他们做了没有，而在于他们是否知道应该怎样做。只有掌握了恰到好处的做事方式，每件事做起来才能如鱼得水，也才能一帆风顺。

做事的方式恰到好处，就有成功的机会；做事的方式不恰当，失败的可能性就大大增加。成败之间，在于如何恰到好处地掌握做事的方式与分寸。

任何伟大的品格、超人的才能都不是凭空产生的，而是依靠平时一心一意做事的结果。人，能一心一意地做事，世间就没有做不好的事。

成功不是天上掉馅饼，“芝麻开门”也只是阿拉伯世界的神话。成功有一定的规则，做事有一定的准则。

恰到好处的做事就是要坚守原则、控制情绪、运用技巧、随机应变、把握机遇……尽管世界千变万化，但只要人性不变，做事就有脉络可寻。

本书告诉你什么样的做事方式是恰到好处的，希望读后能有所启迪或收获。

目录
contents

第一章　恰到好处地坚守原则

办事要把握原则，不可破了规矩

一个人的成功，依靠的是个人的胆识、能力和智慧，依靠自己勤勉而诚实的劳动去“争取”，而不是靠歪门邪道、坑蒙拐骗去“诈取”。真正做出大成就的成功者都明白这样的道理：“君子爱财，取之有道。”

当你出卖原则去为自己换取机会时，你踏入的可能正是一个陷阱。

第二章　恰到好处地投入感情

只要真情在，办事一路畅

“感人心者，莫先乎情。”可以说，人与人之间的感情在我们的生命中起着极其重要的作用，甚至能够改变我们的人生轨迹。比如，自古就有的“生当陨首，死当结草”、“女为悦己者容，士为知己者死”，无一不是“感情效应”的结果。人的性格无论如何坚强，在感情的防线上都会有其薄弱的环节。做事时如果你能抓住这些环节，就能赢得他人的信任和喜爱，而别人在这种惊喜之余也会获得一份感动，这份感动往往就是你成功的开始。

第三章　恰到好处地控制情绪

遇事要冷静，不可感情用事

在各种情绪冲动下，我们极易干出后悔终生的傻事来。所以，在情绪不好的时候，首先想到的是平静，控制住自己的情绪，而不是匆忙决策。

每临大事有静气，是能够做成大事者的基本素质之一，越是重大的决策，越是要心平气和、头脑冷静、周密地分析各种因素，判断各方局势，做出认真负责、科学的决策。

第四章 恰到好处地运用技巧

做事要"巧"，不可"蛮"干

人都是有种逆反心理的，比如你同人共事，对方的热情越高，你的疑虑就会越多。

同样，在你需要显示自己的身份或者需要争取对方的支持与合作时，台面一定要撑起来，以一副胜券在握的样子，为自己吸引更多的资源。

第五章 恰到好处地随机应变

做事要“活”，不可钻死胡同

人不能戴着面具生活，可在遇到一些非常之人、非常之事时，也不能傻乎乎地任人宰割。

震慑恶人、笼络小人、搞定对立者，是我们在社会的大舞台上经常可以赶上的场景，每一次都需要我们根据特定的氛围，拿出不一样的表现来。

第六章 恰到好处地察颜观色

遇事先“看”，不要急着去做

生活中，有些年轻人为了显示自己的热情，而对自己刚刚接触到的事物毫无保留地发表意见，这是为人处世的大忌。

对于每件事都不要被其表面现象所迷惑，而要仔细体察它的来龙去脉和盘根错节的关系，看清、看透，然后再决定自己下一步的做法。

第七章 恰到好处地把握机遇

掂量好自己，该出手时再出手

机遇之所以成为机遇，是人们在生活中偶遇知音、被某人提携，或者紧要关头经受了困难的考验，使之得以崭露头角，从此踏上成功之路。机遇就像原料、劳动力或财力等商业元素一样的真实，但是只有你看得见它的时候，它才存在。一句话，机遇是在意料之外，又在情理之中。

第八章 恰到好处地落实行动

做事要“动”，没有“动”，再高远的志向都等于零

对于理想和现实的关系，先贤早有训示，一方面要志存高远，“王侯将相，宁有种乎”；另一方面要踏实做人，“一屋不扫，何以扫天下”。每一个寻求发展的人，在主观认知上当然要有高度，但应随时检验自己的行动是否与现实脱节。

第九章 恰到好处地大智若愚

大事认真做，小事糊涂解

巴西有一句谚语："傻瓜缴学费学习，聪明人用傻瓜缴的学费学习。"自以为聪明的人，往往就是败在自作聪明上，反倒让看似愚笨的人拣了便宜。聪明是天赋的智慧，糊涂则是聪明的表现，人贵在能集聪与愚于一身，需聪明时便聪明，该糊涂处且糊涂，随机应变。人生就像是一个万花筒，要想在变幻之中用足够的聪明智慧来权衡利弊以防莫测变化，就要学会以静观动，守拙若愚，这种处世的艺术有时反而比聪明更能胜出一筹。

第十章 恰到好处地使用人脉

人脉网不但要大，而且要结实

人际关系的重要性，怎样强调都不过分。生活在 21 世纪，不管你是英国女王的公子，还是看破红尘的隐士，都不可能逃脱人际关系的影响力。假如我们把人际关系比作大脑的神经网络，那么其中的每个人就是一个神经元：突起的越多，与周边的联系就越多，也就比别人更灵敏，从而更易于走向成功。可见，人际关系网的力量是多么巨大，对人生的成功又是多么的重要。

第十一章　恰到好处地借势借力

借他人之力办自己之事

俗话说得好："好风凭借力。"一个人在事业上要想获得成功，除了靠自己的努力奋斗外，有时还要借助他人的力量才能事半功倍。"借力而行"是为人处世成大事的最高境界，是完成自己人生使命的有效途径。所以，会不会借，能不能借，也会关系到你的人生目标和事业的宏图。借得对，就会大大裨益于自己的理想和事业，相反，就会功亏一篑，竹篮打水一场空，自己的宏图伟业也作烟云散，因此不可不慎重对待。

第十二章 恰到好处地拿捏分寸

留一点城府,三思而后行

我们在人群中生活,随时都在观察着、探测着别人,也被别人探测着。在还相对陌生的人之间,一些随时发生的具体事件,则会成为大家评判一个人胸怀和性格的基础。所以,有些事你需要三思而后行,尽量按照一个成熟的社会人的标准行事。

第一章

恰到好处地坚守原则

办事要把握原则，不可破了规矩

一个人的成功，依靠的是个人的胆识、能力和智慧，依靠自己勤勉而诚实的劳动去“争取”，而不是靠歪门邪道、坑蒙拐骗去“诈取”。真正做出大成就的成功者都明白这样的道理：“君子爱财，取之有道。”

当你出卖原则去为自己换取机会时，你踏入的可能正是一个陷阱。

方式1 办事不违背良心,不破坏规矩

关键词:按规矩·守规则·良心

适用情境:无论做什么事,都需运用此方式。

做人最需要讲信义、信誉和信用,最应该讲诚实、敬业和勤勉。也就是说要在正途上"勤勤恳恳去努力",事业才会长久。

有这样一个故事:

一个外国人到海外旅行，回来时将一颗宝石藏在鞋里企图不通过纳税入境,结果被当地海关查出扣留。与外国人同行的犹太人看到这种情况时,奇怪地问道:"为何不依法纳税,堂堂正正地入境?"按照国际惯例,像宝石之类装饰品的输出费,一般最多不超过8%。如果照纳输出费,堂堂正正地进入国境,若想在国内再把宝石卖出时,只要设法提价8%就行了。因此说,依法纳税、按规矩做人实在是一个明智之举。

每一件事的运作都有自己的规则,办事人员也必须遵守规则。比如必要的手续,无论繁简,该办就必须去办;比如签订的合同,无论难易,当履行的一定要履行;比如商人做生意时,政府的法令法规无论如何都要遵守。

做人要中规中矩,照规矩办事,至少有以下两个方面的意义:

第一,能建立信誉。良好信誉的建立,与办事者能够坚持规矩办事有着极为密切的关系。只有规规矩矩地按照大家都知道的,也是大家都应遵守的规矩办事,才能使人信服,也才能建立起信誉。不顾章法、不按规矩办事的人,是没有人会相信他的。

第二,能保障安全。这个安全,主要是指利益上有所保障。比如犯法的事不做,做了就是没按规矩来,这样说不定会给自己带来祸害;又比如再要好的朋

友，在生意上有合同该签该订的一定要签要订，该怎样签怎样订，就要照规矩去办。因为只有按规矩签订的具有法律效用的合同，才能对合作双方产生约束力，才能有效地保护双方的利益。

规矩渗透了我们社会生活的各个方面，如果你以为这些条文契约限制了我们的发展空间，那是还没有深刻理解规矩的意义。一个守规矩的人，是一个值得信赖的人，这种无形的资本将成为你成功的基石。

在世界女性富豪榜上的大多数人，都是以继承遗产或者是夫妻共同创业和拥有财富的方式来出现在榜单上的，而张茵则不同，她是全世界最富有的白手起家独立创业的女性。

张茵20世纪50年代出生在一个军人家庭，在8个兄弟姐妹中排行老大，她不仅要帮助母亲操持家务，还要照顾弟弟妹妹，从而养成了坚毅、要强、大度的个性。

1982年，张茵终于有机会攻读她喜爱的财会专业，为她日后的成功奠定了良好的基础。随后，她先后担任深圳信托下属的一个合资企业的财务部部长、贸易部部长，她真诚直率，与香港金融界建立了良好的关系，随后又在一家贸易公司做包装纸业务。

1985年，张茵来到香港，在一家中外合资贸易公司担任会计。一年以后，这家公司倒闭了。此时摆在张茵面前有两种选择：回广东，接受一份年薪6.41万美元的工作，或者创业。

最后，张茵选择了创业——怀揣着3万元，她做起了废纸回收的生意。创业之初张茵只能从低端做起，慢慢建立废纸回收网络，在资金方面，她通过香港银行贷款，一步一步地发展自己的事业。当时，废纸回收贸易已经在香港火爆起来，但该行业中的很多企业大多是通过往纸浆里掺水以获取更高利润。弱女子张茵从一开始就带头抵制这种做法。对道义的坚守，总要付出代价。张茵触犯了同行的利益，为此曾接到黑社会的恐吓电话，就连合伙人也欺骗她，偷偷往纸浆里注水，但她没有退缩，也没有害怕。最终，一个女子的正义坚持感动了众多收废纸的商贩，大家都主动跟她做生意。

张茵在香港做生意的 6 年，正赶上香港的经济繁荣时期，她个人也完成了原始积累。

君子之道，就是不违背良心、不破坏规则的正道。在一定程度上我们可以这样认为，商道实际上也就是人道。一个跟头跌进钱眼里，心中只有钱而没有做人的基本原则，为了钱不惜坑蒙拐骗，伤天害理，便是奸商，奸商与奸诈无耻等值。即使他们可以获得一时之利，也像一座不按图纸搭建的大厦，经不起风雨的考验。

飞来的横财不是财，带来的横祸恰是祸，许多在商场、官场摸爬滚打过来的人，对按规矩做人的经验都是大有心得的。以下的原则，我们必须要严守：

第一，可以为了钱“去刀头上舔血”，但决不违背政府的律令和明文规定去赚黑钱；

第二，可以捡便宜赚钱，但决不贪图于会损害别人利益的便宜，决不为了自己发展而去敲碎别人的饭碗；

第三，可以借助朋友的力量赚钱，但决不能够因赚钱去做任何对不起朋友的事情；

第四，可以投机取巧，但决不背信弃义，靠坑蒙拐骗等一些旁门左道获得好处。

每一件事的运作都有自己的规则，办事人员也必须遵守规则。照规矩来，是使事情正常进行下去的必要保证。没有规矩，无论办什么事都会乱套。

方式 2 坚持自己的方向与计划

关键词:名利·诱惑·品格

适用情境:不论什么时候,要想成功,就需学习运用此方式。

人人都在以不同的方式追求成功,但决不能靠投机取巧求名利,不能靠掺杂使假骗钱财,不能靠连跑带送谋官位,而必须靠高尚的品行立身做人。马登在《伟大的励志书》中写:“每个人的一生,都应该有一些比他的成就更伟大,比他的财富更耀眼,比他的才华更高贵,比他的名声更持久的东西。”这个东西就是高尚的品格,达到此境界便是做人的成功,而且是人生真正的最大的成功。

“在真相肯定无人知晓的情况下,一个人的所作所为,能显示他的品格。”你必须懂得:不要随意放纵自己,不要轻易向各种诱惑低头,坚持自己的方向与计划,管理好自己的人生。否则,你很可能因为贪图眼前的“一点点安逸享受”而损失掉生命中真正的财富。

某大公司准备以高薪雇用一名小车司机,经过层层筛选和考试之后,只剩下3名技术最优秀的竞争者。主考者问他们:“悬崖边有块金子,你们开着车去拿,觉得能距离悬崖多近而又不至于掉落呢?”“两公尺。”第一位说。“半公尺。”第二位很有把握地说。“我会尽量远离悬崖,愈远愈好。”第三位说。结果这家公司录取了第三位。这就说明我们不要向诱惑低头,而应离得越远越好。

人生在世,总有许许多多的外在力量在诱惑着你、强迫你、扭曲你去做这件事或那件事,尽管这些事或那些事是你不甘心情愿做的,但是,当你我抱怨不停时,是否静坐深思过? 是否知道人间除了权力、金钱等等之外,还有一个给人成功、百验百灵的秘诀? 有了它,一个人的潜能就能成倍地施展出来,这不是别的,而是洁身自好的品格。

有品格的人生，是高贵向上的；丢弃了品格的人生，是卑微低下的。只有勇于坚持自己原则的、有品格的人才不会在迷茫或是困境中迷失自己的方向。而一旦丢弃了品格，那就等于丢弃了一切，即使这个人有着万贯家产，也将得不到他人的认同与尊重，更不可能实现自己对幸福和成功的愿望。

成龙出生在香港一个贫困家庭，很小就被家人送到戏班。按照旧时梨园行的规矩，父亲同戏班签了生死状，在约定期限内，他的生杀大权都在师傅手中。戏班里的管教异常严厉，他在师傅的鞭子与责骂下练功，吃尽苦头。时间不长，他就偷偷跑回了家，父亲勃然大怒，坚决叫他回去："做人应当信守承诺，已经签了合同，决不能半途而废。咱人虽穷，志不能短！"他只好重新回到戏班，刻苦练功，这一练就是十几年。

22岁，他终于学有所成。由于练就一身好功夫，为人厚道，几年下来，他逐渐担当了主角，还小有名气。有一天，行业内的何先生约他出去，请他出演一个新剧本的男主角。"除了应得的报酬，由此产生的10万元违约金，我们也替你支付。"何先生说完强行塞给他一张支票，匆匆离去。

成龙仔细一看，支票上竟然签着100万，好大一笔巨款！他从小受尽苦难，尝遍艰辛，不就是盼望能有今天吗？可转念一想，如果自己毁约，手头正拍到一半的电影就要流产，公司必将遭受重大损失。于情于理，他都不忍弃之而去。

一宿难眠，次日清晨，他找到何先生，送还了支票。何先生很是意外，成龙则淡淡地说："我也非常爱钱，但是不能因为100万就失信于人，大丈夫当一诺千金。"

公司得知后非常感动，主动买下了何先生的新剧本，交给成龙自导自演。就这样，他凭借电影《笑拳怪招》，创造了当年票房纪录，大获成功。

在一次电视访谈中，成龙回忆起这些往事，感慨万千，深情地说道："如果当初我背信弃义，从戏班逃走，没有这身过硬的武功，或者为了得到那100万一走了之，我的人生肯定要改写。我只想以亲身经历告诉现在的年轻人，金钱能买到的东西总有不值钱的时候，做人就应当诚实守信，一诺千金。"

任何人都应该懂得：品格是一生中最重要的资本。无论你出身高贵或者低贱，都无关宏旨，但你必须有做人之道。每个年轻人都希望获得事业上的成功。总结许多杰出人士走过的道路，你会看到，他们遭受失败的原因可能千差万别，成功的经历却大多一致：那就是他们在年少时便养成了达到巨大成功的美德，为日后的纵横四海打下了坚实的基础。

做人的成功的确靠的是人品，连人都做不好的人，是什么事也做不成的。亚洲富豪李嘉诚曾戏言自己不是“做生意的料”，因为他觉得自己不会骗人，不符合中国人无商不奸的标准，令人感叹的是偏偏是他做成了全亚洲独一无二的大生意。有做人品格，这是比金钱、权势更有价值的东西，也是一个人成功最可靠的资本。今天各行各界的显赫人士，同时也以“诚”、“信”闻名，这其中的奥妙是不言自明的。诚信让更多的人放心与你合作，也带来了更多的机会。

方式3 该让则让，不该让则寸土必争

关键词：公平正直·恩德·仇怨

适用情境：当他人对你有恩德或仇怨时，可运用此方式。

中国道家传统的处世哲学贵柔，讲究“以德报怨”。不管别人怎么对我，我都以平和的心态、宽容的态度去化解。这是一种做人的大境界，对于现代人来说，却有一种摸不透、拿不准的苦恼。孔子的“以直报怨，以德报德”则更明快些，更适用于我们今天的生活。

换一个通俗的说法，“以直报怨，以德报德”就是“用公平正直来回报仇怨，用恩德来报答恩德。”这种恩怨分明的作风，一直也是受到世人尊重的。罗贯中《三国演义》第五十回说：“某素知云长傲上而不忍下，欺强而不凌弱；恩怨分明，信义素著。”关羽是个有原则的人，所以虽然他有些刚愎自用的缺点，依然很受后人尊崇。

春秋战国时期，晋国有个人叫解狐，他恩怨分明，不会因私仇而误国事，也

不会为大业而泯灭了人性，活得非常爽快。

解狐是晋绰公的大夫、名将解扬的儿子，晋国大夫赵简子和他十分要好。

解狐有个爱妾叫芝英，是一朵深得解狐喜爱的解语花。可是有一次有人告诉解狐说，他的家臣刑伯柳和芝英私通。解狐不信，因为刑伯柳这人很忠实，但是后来两人私会时，却被解狐撞了个正着。

审问一番后，解狐得知原来芝英爱慕刑伯柳年轻英俊，而找机会勾搭成奸。解狐怒火更大，他把两人痛打一顿，双双赶出了解府。

后来，赵简子领地的国相职位出现空缺，赵简子就让解狐帮他推荐一个精明能干、忠诚可靠的国相。他想了想，觉得只有他原来的家臣刑伯柳比较适合，于是就向赵简子推荐了他。

赵简子找到刑伯柳后，就任命他为自己的国相，刑伯柳果然把赵简子的领地治理得井井有条。赵简子十分满意，夸奖他说："你真是一个好国相，解将军没有看错人啊！"刑伯柳这才知道是解狐推荐了自己。他是自己的仇人，为何却要举荐自己呢？也许他这是表明要主动与自己和解吧。于是刑伯柳决定拜访解狐，感谢他不计前嫌，举荐了自己。

刑伯柳回到国都，去访解狐。通报上去后，解狐叫门官问他："你来，是因为公事还是因为私事？"刑伯柳向着府中解狐住的地方遥遥作揖说："我今天赴府，是专门负荆请罪来了。刑伯柳早年投靠解将军，蒙将军晨昏教诲，像再生父母一样。伯柳做了对不住将军的事情，心中本就万分惭愧，现在将军又不计前嫌，秉公举荐，更叫我感激涕零。"

门官又为刑伯柳通报上去。刑伯柳站在府门前等候，却久久不见回音。他正在疑惑难解的时候，解狐突然出现在门前台阶上，手中张弓搭箭，向他狠狠射出一箭。他还来不及躲闪，那箭已擦着他耳根，直奔他身后去了。刑伯柳一下子吓出了一身冷汗。解狐接着又一次张弓搭箭瞄准他说："我推荐你，那是为公，因为你能胜任；可你我之间却只有夺妻之恨，你还敢上我的家门来吗？再不走，射死你！"

刑伯柳这才明白解狐依然对自己恨之入骨，他慌忙远施一礼，转身逃走了。

你侵害了我，必须还我一个公道，这就是解狐的原则。如果他打开大门欢迎刑伯柳，倒显得有些虚伪做作了。从刑伯柳一方讲，解狐强硬明快的作风，在吓出了他一身冷汗之余，相信也会赢得他的尊重。如果一个人连夺妻之恨都无动于衷，那么他不是一个伪君子就是一个懦弱无用的小人。

以直报怨，同时也给以德报德留下了余地，是非恩怨，一目了然，决不平白无故地浪费感情浪费生命。以现代人的观点衡量，这就是效率。

有一些我们绞尽脑汁也难以找到答案的问题，其实前代的贤明之人，已经给了我们一个重要的启示。

战国时代，孟子名气很大，府上每日宾客盈门，其中大多是慕名而来、求学问道之人。有一天，接连来了两位神秘人物，一位是齐国的使者，一位是薛国的使者。对这种人物，孟子自然不敢怠慢，小心周到地接待他们。

齐国的使者给孟子带来赤金 100 两，说是齐王所赠的一点小意思。孟子见其没有下文，坚决拒绝齐王的馈赠。使者灰溜溜地走了。

隔了一会儿，薛国的使者也来求见。他给孟子带来 50 两金子，说是薛王的一点心意，感谢孟先生在薛国发生兵难的时候帮了大忙。孟子吩咐手下人把金子收下。左右的人都十分奇怪，不知孟子葫芦里装的是什么药。

陈臻对这件事大惑不解，他问孟子："齐王送你那么多的金子，你不肯收；薛国才送了齐国的一半，你却接受了。如果你刚才不接受是对的话，那么现在接受就是错了，如果你刚才不接受是错的话，那么现在接受就是对了。"

孟子回答说："都对。在薛国的时候，我帮了他们的忙，为他们出谋设防，平息了一场战争，我也算个有功之人，为什么不应该受到物质奖励呢？而齐国人平白无故给我那么多金子，是有心收买我，君子是不可以用金钱收买的，我怎么能收他们的贿赂呢？"

什么时候该取，什么时候该让；什么时候该宽宏大度，什么时候该寸土必争，其实都有一种规则在里面。如果我们做不到那种大圣大贤的境界，那么，不妨做一个是非分明的人，同样也可以在这个世界上找到立足之地。

方式 4 卸下面具，做真实的自我

关键词：目光短浅·见利忘义·背弃忠诚·

适用情境：锱珠必较、目光短浅者需学习运用此方式。

在现代社会林林总总的游戏规则中，愈来愈聪明的现代人，常常在不经意中忽视一条最根本的规则——忠诚原则。他们或是锱珠必较，目光短浅；或是见利忘义，因小失大；或是戴着面具，游戏人生……演出了一幕幕违背良心、令人抱憾的悲剧。

其实，忠诚在社会文化中的定义，是灵魂性的。许多外国老板在用人之道中的首选标准，便是对忠诚的考验。来自马来西亚的一位老板就曾不无遗憾地坦言："在中国，有些员工似乎更乐于把企业当作是一个福利机构，或是自己另谋高就之前的跳板、垫脚石。"他们没有责任感，谈不上与企业荣辱与共，更谈不上忠诚。不管是东方还是西方，在人类的道德取向上，总还有相通之处。在西方文化中，最鄙夷说谎者。一个儿童在成长过程中，免不了说几次谎，父母就会惊恐失色，严斥有加。如果说，对一个幼稚儿童的撒谎，上帝尚会原谅的话，那么到了成年仍在撒谎，那就成了害人的人格瑕疵，周围人会弃之不齿。在东方文化中，更把忠诚誉为美德，视其为最有价值的人格标准。为人忠义至仁，成为江湖中的不变主题。

在办公室，不管"假面舞会"是否流行，做一个真正的聪明人，就应该卸下面具，亮出你的脸，让上司认识你是海水还是火焰。

忠诚常常有以下雷区，需要你小心走过。

最低级的背弃忠诚的游戏，往往从贪小开始。任何一家正规、资深的公司，再严密的制度，总会有漏洞。如果你是一个人品俱佳的人，切不可贪小越货。趁人不备时悄悄挂个私人长途，或趁上司不在意时，悄悄塞上一张因私打的票，让其签字报销；上班时，明明迟到，卡上却填上因公外出；更有甚者，当客户来访时，给你悄悄带来一份礼物，以答谢你在业务往来中曾经给过他的帮助，而这一帮助，恰恰是以牺牲本公司的利益为代价的。细雨无声，倘若让这种“酸雨”淋了你的心，你就会慢慢地被蚀化。今天的贪小就是明天的贪婪。老板绝对厌恶贪小的人。他会把它看作是品质问题，产生这种印象就会失去对你的信任。

都说商场如战场，做生意说到底是在赌博利益。忠诚原则的第二个雷区，是你的利益为谁而搏？这需要时时警惕，切不可掉以轻心，更不能见利忘义。不要忘记你的打工角色，你需要为公司争取利益，而不是你自己。只有公司“发达”了，你才会跟着“发达”，万万不可越位。有时，公司与你个人在利益上也会发生冲突，这时你千万不能把公司利益置之度外，使自己浑沌一时。

商界有过一个经典例子。

有家公司因一家对手公司业务的红火而焚心，但想不出制服对手的良策。终于，对策有了！他们想方设法寻找关系，接近对手公司的一名仓库主管，让其暗中出卖商业机密。这个主管在利益的驱使下，利令智昏，把自己公司的库存数量、货品结构、价格策略一一泄露。几经交手，商界风向大变，原先生意红火的公司，节节败退，最后元气大伤而倒闭。另一家濒临倒闭的公司却起死回生，反败为胜。一个不忠诚的蛀虫，股掌之间就将一个公司搞垮了。而反败为胜的这家公司也再没有向这位主管伸出邀请之手。

这种隐性的不忠诚，可以说是办公室的定时炸弹。一个有职业道德的人，心里要有一条准则：可为与不可为。需要坚守的信条是：决不选择良心的堕落。

诚信是一种最简单的处世智慧，心怀坦荡，才能使我们自重、自信，充分发挥自己的创造力。如果一旦违背了类似于以下的一些忠诚原则，很快就要吞咽自酿的苦果了：

1.有了一句谎言之后，你需要用好几条谎言来维护它，因顾此失彼而穿帮的可能随时存在。

2.当你做了不齿于人的事儿之后，即使不被人觉察，自己的内心也不会安定，做什么事都放不开手脚。

3.一旦与同盟者闹翻之后，他就是握住你把柄的人，从此你就会生活在阴影之中。

4.一次的不小心会带来终身的恶果，以后你再付出多大的努力，都难以洗刷别人眼中的这个污点。

5.如果你在背叛中获益，同样不是好事，这会使你越陷越深，最后失去恢复正常生活的勇气。

方式5 做事不越位、不越权

关键词：越位·越权·原则

适用情境：工作中不能把握原则、喜欢越位、越权者需学习运用此方式。

“不在其位，不谋其政”涉及到儒家所谓的“名分”问题。不在其位而谋其政，则有僭越之嫌，就被认为是“违礼”之举。现代人以为这种观念对民众的参政意识是一种限制，是消极的封建思想。但是我们今天的话题没有这么大，只来看一下在一个小单位、小团体之内，越权行事会带来怎样的后果。

常子明毕业后，应聘到一家专做汽车配件生意的公司，给张总经理当助理。转眼两年过去了，常子明的工作已游刃有余，张总一再夸他“小伙子是块材料”。一次，张总亲自到远郊的市场作调查，临走时叮嘱常子明道：“我跑山区，手机可能有时候没信号，如果有什么事，你就看着办吧。”张总走后，公司照常运作，也没有什么意外情况发生。只是有一些库存的零件，因为适用的车型已快淘汰了，所以一直积压着，这时恰好有位边远地区的客户提出全部兜底，但是价钱要求压低些。这本是求之不得的事，常子明当即答应考虑，第二天就签单子提货了。张总出差回来，常子明向他汇报说：“那批零件本是我们的库底子，前期的利润已经够了，这次恰好盘活资金，进行下一步的行动。”张总点头，并表扬他办得痛快。半年后，公司进行调整，常子明因有“独当一面”的业务能力，被派到山区开发新市场去了。其实，出差期间，张总的手机一直通着，老婆和情人的电话几乎一天一个，就是没听到过常子明有什么做不了主的事要请示。

要是你什么事都能拿出自己的主张来，把上司置于何地呢？手伸得过长了，难免人人侧目。而遇事多请示，一则是正常的工作程序，人说没有规矩，不成方圆，大家都各行其是，还不乱套了吗？二则在上级的批示之下行事，各兄弟部门的关系也好协调，毕竟大家都在同一机构做事，互相搭把手也是应尽的义务。但你若想闷声发大财，大伙儿也会乐得隔岸观火，看你的笑话。

在现实中，有一些年轻人在工作上并无多余的野心，不会犯上司或同事之忌，他们的失误在于不分主次，把事情做过了头。有一则故事，把这个问题说得非常清楚。

马罗尔医生手下有两个实习医生，一男一女。二人的工作态度有天壤之别。男实习生纳特总是神采奕奕，白大褂一尘不染。女实习生埃米则总是马不停蹄地从一个病房赶到另一个病房，白大褂上经常沾着药水、小病号的果汁和菜汤。

纳特严格遵守印第安纳州医生的法定工作时间，一分钟也不肯超时。除了夜班，他不会在上午 **8** 点前出现，下午 **5** 点之后便踪影全无。埃米则每天清晨就走进病房，有时按时回家，有时却一直待到深夜。

纳特总是神闲气定，平易近人，但别人觉得他对医生责任的划分过于泾渭分明了。他不止一次说："请你去找护士，这不是医生的职责。"埃米正相反，她身兼数职：为小病号量体重——护士的活儿；给小病人喂饭——护士助理的活儿；帮家长订食谱——营养师的活儿；推病人去拍 **X** 光片——输送助理的活儿。

医学院每年期末都要评选 **5** 名最佳实习医生。许多人认为埃米一定会入选，医生如果都像她那样忘我就好了！但评选结果却令大家大吃一惊，埃米落选了，纳特却出现在光荣榜上。这怎么可能呢？有人找到马罗尔医生，问他是否知道最佳实习医生评选的事。"当然知道，我是评委之一。"马罗尔医生说。

"为什么埃米没当选？她是所有实习医生中最负责的人。"那个人愤愤不平地问。马罗尔医生的回答却令他终生难忘。

埃米落选的原因是她"负责过头了"。她把为病人治病当成了自己一个人的职责,事无巨细统统包揽。但世界上没有超人,缺乏休息使她疲惫不堪,情绪波动,工作容易出错。纳特则看到了职责的界限。他知道医生的职责只是为病人治病,是救死扶伤团队中的一员。病人只有在医生、护士、营养师、药剂师等众多医务工作者的共同努力下,才能更快康复。他严格遵守游戏规则,不越雷池半步,把时间花在医生的职责界限内。因此,纳特能精力充沛,注意力高度集中,很少出错。

马罗尔医生最后说:"埃米精神可嘉,但她的做法在实践上行不通。医学院教了她 4 年儿科知识,并不是让她来当护士或者营养师的。我们希望她能学会只负分内的责。"

有些人总是享受不到成功的快乐,不是因为没做,而恰恰是由于他们做得太多,以至于手忙脚乱,反而忽略了自己最紧要的本职。只为忙碌而忙碌是没有意义的,"学而不思则罔",静下心来,想想自己的目的和责任吧!

知道什么事情该做,什么事情不该做,是一种智慧,更是一种气度。把握好适度的原则,不越位、不越权,这样,才能够与别人和谐相处,在个人事业的发展上也更顺利一些。

方式 6 做好事也要有分寸

关键词:做事有分寸·善心·纠正错误

适用情境:对别人管不了或照顾不到的事总喜欢插手理顺者,需运用此方式。

做好事也要有分寸。别人管不了或照顾不到的事,你不分青红皂白就插手理顺了,此举有"卖功"与"示好"之嫌,担心有人感激你的同时也有人埋怨你越位。

春秋时候的季孙氏，当了鲁国的宰相，孔子的弟子子路担任季孙氏的封地郈邑的长官。按照惯例，鲁国在5月份要征集百姓开凿长沟，进行水利建设。子路看到民工挖沟辛苦，且出门在外，吃饭不便，就拿自家的粮食熬成稀粥，摆在道边，邀请他们来吃。事情很快传到孔子耳里，孔子就派另一个弟子子贡来找子路，把稀粥都倒掉，把盛饭的器具全部砸毁，并让人转告子路："老百姓都是鲁君的百姓，你为什么要拿饭给他们吃？"

子路得到消息，勃然大怒。他直闯进孔子的书房，强压怒火，问道："请教先生，我施行仁义，难道错了吗？"不等孔子回答，子路连珠炮似地把一肚子的不满都倒了出来："我跟随先生多年，从先生这里学到的，无非'仁义'二字而已。所谓仁义，就是有了财富，和天下人共同使用；有了好处，和天下人共同分享。现在，我拿自己家里的粮食分给挖沟的民工吃，而先生却派人阻止，究竟是怎么回事？"

孔子叹了口气，说："这个道理，我本来以为你已经懂得了，可你居然还远未懂得。是不是你本来就这样不懂礼呢？"孔子接着说，"你拿饭给民工吃，这是爱他们。按照礼的规定，天子爱普天下的人，诸侯爱本国的人，大夫爱他的职务所管辖的人，士爱他的家人。所付出的爱超出了礼所规定的范围，那就是'越礼'。现在，民工都是鲁国的百姓，而你擅自去爱他们，这就是你'越礼'了，不也太糊涂了吗？"孔子的话还没说完，季孙氏已经派使者来指责他了："我征集民工，让他们干活；先生却让弟子叫他们停止干活，拿饭给他们吃。先生难道打算争夺我的百姓吗？"孔子对子路说，"你看，我说得有道理吧？"于是，他只好带着弟子们乘车离开了鲁国。

无论我们做什么事，仅仅是有"良好的初衷"是不够的，还要看看是否能收到"良好的效果"。对于普通人来说，即使你的所作所为不关乎国家大事，没有职业野心，依然会有冲撞了别人的时候。以人性的特点论，有两个方面我们应该警惕。

第一，先贤早有定论：人之患，在于好为人师。在这里的"好为人师"指的不是"喜欢当老师"，而是指喜欢指点、纠正别人。

有一种人，喜欢指出别人的错误，并“贡献”自己的意见，也喜欢在言语上指正别人的缺点，例如交友方式啦、衣服发型啦、个人嗜好啦……

这种人有的纯粹是一片善心，对旁人的错误无法袖手旁观；有的则是自以为是，认为别人观念有问题，只有他的观念才是对的。

不管基于什么心态，也不管你的意见是对是错，是好是坏，一旦你主动提出来，你就犯了人性丛林里的忌讳——侵犯了人性里的“自我”！

你要知道，每个人都在努力塑造一个坚固的自我，以掌握对自己心灵的自主权，并经由外在的行为来检验自我强固的程度。你若不了解此点而去揭露他人的错误，他会明显地感受到他的自我受到你的侵犯，有可能不但不接受你的好意，反而还采取不友善的态度。尤其在工作方面，你的热心，根本就是在否定他的智慧与能力，甚至他还会认为你是在和他抢功劳，总之，他是不大会领情的。

人都有排他性，也有“虽然知道不对也要做下去”的自我意识，这是他个人的选择。因此，与其“好为人师”招惹麻烦，不如“拜人为师”求自己成长。别人的事，管那么多干嘛？除非他自己来“请教”你，但说多说少，还是要有些斟酌的。

其次，是有的人不管自己的能力地位如何，总是喜欢当“和事佬”的角色。

事实上和事佬并不好当，因为他必须了解争斗的来龙去脉，了解当事人双方或多方的立场与诉求，更要了解争斗的主要症结点及当事人的性格。在调停的过程中，自己还要保持公正客观的态度，既要顾全事理，又要顾全当事人的面子。在当事人公说公有理、婆说婆有理的状况之下，和事佬其实是很难做出公正判断的。

一般来说，和事佬都应由有分量的人来担任。所谓“分量”是相对的，而不是绝对的。也就是说，和事佬必须具备下列各项或其中一项条件：

1.年龄比当事人大。年龄虽然不一定能代表什么，但在人类社会中，年龄也是一种符号。

2.资历比当事人深。

3.社会地位比当事人高。

4.学历比当事人高。

总而言之,和事佬的自身条件要在当事人之上,否则说服力就不够,哪怕你论理公正,当事人也不会信服的。

因此对于人微言轻的年轻人来说,遇到争斗时,若事不关己,先闪一边,一则免遭池鱼之殃,二则可免被拉去当和事佬。若无处可闪,则这种和事只能顺势操作,让当事人自行调停,你只当个缓冲者就好了;勿下判断,勿给建议,争斗的人有时也需有个台阶下,你若有此认识,事情就好办;切忌强力介入,更切忌以自己的方式来和事,因为那只会使事情更复杂化,把自己也卷进去。

无论我们做什么事,仅仅是有"良好的初衷"是不够的,还要看看是否收到了"良好的效果"。 当你手伸得太长,超出了自己的份位时,人们不会因为你出于好心就轻易原谅你,我们又何必无故讨人嫌呢?

方式7 劝谏他人时,说话要站在对方的立场

关键词:劝谏·阻止·对方立场

适用情境:要劝谏他人时,需运用此方式。

宋代御史衙门的制度:凡新上任的御史,一百天内若不上奏言事,对朝廷提出批评建议,即算不称职,被罢免而去充任外官。有个叫王平的人接受了御史之任,上任快满一百天了,却未曾向朝廷奏上一言。同僚们对此感到十分惊讶。有人说:"王端公(端公,对御史台长官的尊称)必定是等待着适当的机会提出意见,而这个意见必定是一鸣惊人,所奏的必定是关乎国家命运的大事啊。"一天,终于听说王平向皇上进呈奏章了,众同僚都争相去看王平所奏何事,一看奏章内容,却是指责御膳中有头发。他的奏章上写道:"皇上进膳时为何表情那样严肃郑重,那是因为忽然看到膳中有卷曲的头发。"

皇上的龙体至尊至贵，一心想保重皇上的身体，还有比这更忠的吗?

明代冯梦龙的《古今谈概》，收集了言官们这些近乎搞笑的建议，对“高官厚禄者见识浅陋”极尽夸张讽刺。

御史们拿着纳税人的钱，却不敢仗义执言，提出点有建设性的意见，的确也有些尸位素餐之嫌。但是自古伴君如伴虎，不进言的，顶多是无所建树，官职得不到升迁罢了，可一旦触了君主之怒，掉脑袋的可能都有。

汉元帝刘奭上台后，将著名的学者贡禹请到朝廷，征求他对国家大事的意见，这时朝廷最大的问题是外戚与宦官专权，正直的大臣难以在朝廷立足，对此贡禹不置一词，他可不愿得罪那些权势人物，只给皇帝提了一条，即请皇帝注意节俭，将宫中众多宫女放掉一批，再少养一点马。其实，汉元帝这个人本来就很节俭，早在贡禹提意见之前就已经将许多节俭的措施付诸实施了，其中就包括裁减宫中多余人员及减少御马，贡禹只不过将皇帝已经做过的事情再重复一遍，汉元帝自然乐于接受，于是，汉元帝便博得了纳谏的美名，而贡禹也达到了迎合皇帝的目的。

古代的帝王在即位之初或某些较为严重的政治关头，时常要下诏求谏，让臣下对朝政或他本人提意见，表现出一副弃旧图新、虚心纳谏的样子，其实这大多是一些故作姿态的表面文章。有一些实心眼的大臣却十分认真，不知轻重地提了一大堆意见，这时常招来忌恨，埋下祸根，早晚会招来帝王的打击报复。但贡禹却十分精明，专拣君上能够解决、愿意解决，甚至正在着手解决的问题去提，而回避重大的、急需处理的、棘手的问题，这样避重就轻，既迎合了上意，又不得罪人，表明他做官的技巧已经十分圆熟老道了。

如果不信这个邪，那么你不妨撞上去试试。

新来的主管第一次主持会议，他很诚恳地要求大家以后多提“建议”，并且说:“如果发现问题，也欢迎大家告诉我。”

现场鸦雀无声，没人说话。第二次会议，主管再次重复那些话，才到职两个月的小王终于站起来提了一些工作上的建议，主管当场表示“嘉许”。小王的动作有了示范的作用，有好几位同事相继发言。

在以后的日子里，小王每遇会议，必不放过建议的机会，除了工作上的建议之外，也针对主管个人的言行提出了中肯而且诚恳的建议。

大家都认为，小王一定不久就会“升官”，谁知他却被调任一个闲差，从此再也没有机会在开会时提“建议”了。

新主管上任，总要做做姿态，因为他要符合大家对主管的“角色期待”，塑造“开明形象”，免得手下对他产生排斥。另外，也可以趁此机会，对手下人的性格和相互关系摸摸底。小王却拿着棒槌认了针，相信经过这次挫折之后，他也许会调整一下自己的思路了。

大事当前，“进谏”的招灾惹祸，不发言的尸位素餐。如此真的没办法了吗？当然不是，你可以根据对方的性格和立场，婉转地提出你的方案。

对于自信心十足、甚至有些自负的人，不要直接谈到他的计划，可以提供类似的例子，从暗中提醒他。

要阻止对方进行危及大众的事情时，需以影响他自身的名声为理由来劝阻，并且暗示他这样做对他本身的利益也有害。

对方如果是颇有自信的人，就不要对他的能力加以批评；对于自认为有果断力的人，不要指摘他所做的错误判断，以免造成对方恼羞成怒；对于自夸计谋巧妙的人，不要点破他的破绽，以免对方痛苦难过。

这些“进谏”方法，适合于下级对上级，也可以适用于一般的人际关系。如果能够站在对方的立场，替他考虑分析的话，那么你就可以真正取得对方的信任。

说话时考虑对方的立场，在避免刺激对方的情况下发表个人的学识和辩才，对方就会比较高兴地接受你的意见。

第二章

恰到好处地投入感情

只要真情在，办事一路畅

“感人心者，莫先乎情。”可以说，人与人之间的感情在我们的生命中起着极其重要的作用，甚至能够改变我们的人生轨迹。比如，自古就有的“生当陨首，死当结草”、“女为悦己者容，士为知己者死”，无一不是“感情效应”的结果。人的性格无论如何坚强，在感情的防线上都会有其薄弱的环节。做事时如果你能抓住这些环节，就能赢得他人的信任和喜爱，而别人在这种惊喜之余也会获得一份感动，这份感动往往就是你成功的开始。

方式8 融入人群中

关键词:入乡随俗·融入群体·适应性

适用情境:当进入一个新环境时,需学习运用此方式。

处世求顺,知识面要宽,适应性要强。圣人入裸国尚坦裸,在一定程度上放弃固执来顺应大的环境是必需的。

不同的国家有不同的风俗习惯,也就构成了各地区不同的民族文化,聪明的办事者一定要学会随风俗变化而变化,不断适应新的生活环境。

在古代,风俗是统治人民的基础,聪明的统治者总是利用风俗来收买民心。入乡随俗之法是使用反客为主的重要处世战略。关于"入境问俗",宋代苏轼《密州谢上表》著有:"入境问俗,又复过于所期。"《礼记·曲礼上》著有:"入境而问禁,入国而问俗,入门而问讳。"大意是,进入另一地区,要先打听一下民俗、禁忌,以免遇到麻烦。

在现实中我们要与人交朋友,就一定要熟悉对方的一些习惯,并将其"风俗习惯"运用于社交策略上。如果我们在与人交谈时,自己的言辞往往无法说服对方,尤其是在请求别人时,总是提不出有力的证言,这时我们不妨利用"风俗习惯"来解决。

张君是一位精明强干的年轻人,他在一个外商独资企业里做事。同办公室有位同事,年龄、学历等各种条件与张君相仿,只是这位同事在办公室里只用"约翰"这个英文称谓,张君对此不以为然。

两个条件相近的年轻人在同一处工作,自然会有竞争。时间长了,张君发现自己的能力和干劲绝对不比约翰差,可是外国老板却对约翰更赏识。常常是他们两人同在办公室办公时,老板打电话把约翰叫去商量事情。而且有一次晋升的机会,老板也给了约翰。张君感到苦恼,但又不知是什么原因。

不久张君被派去做一件有难度的工作，他充分发挥才干，事情办得利落漂亮。外国老板非常高兴，夸赞他说："你比约翰要强。"接着又问他："你能否起个英文名字呢？你的中文名字我叫起来实在太费力了。"至此，张君才明白，原来自己先前与约翰待遇的差别，是由名字引起的。

张君后来也起了一个顺口的英文名字。他现在想通了：人要在一定程度上放弃固执来顺应大的环境，特别是当你向着某个既定目标努力时，如处处执拗、不啻于是为自己设置障碍，那样的话只能被环境所淘汰。

做人讲究见什么人说什么话，到什么山唱什么歌，如果一味清高，总是不肯对现实妥协，你就只能当个没人理睬的"边缘人"了。

苏娟的工作单位来了一位新的主管，不知是对旧主管还存着一丝怀念，还是这位新主管长得不高也不帅，苏娟对他始终没有好感。

其实对这新主管没有好感的并不止苏娟一个，也包括本部门的两位男孩子，几乎整组的同事都"不喜欢"这位新主管。

可是又不能把他赶走，自己也不可能调职……

怎么办呢？苏娟有点担心。

有一天，也就是新主管到任的第二个星期三，新主管宣布请大家吃饭，说是要"大家彼此熟悉熟悉"。

对于这种餐会是没有理由拒绝的，苏娟虽然不太乐意，还是去吃了。席间，这新主管有说有笑，大家吃得很高兴。

苏娟开始觉得，新主管也蛮可爱的嘛，其他同事也有同样的感觉……

这位新主管可以说对人性已有相当的了解，所以不费吹灰之力就解除了他的困扰。

虽然是寻常饭局，但从邀请到进行，都包含着许多值得玩味的意义：

饭桌是很好的、可以拉近彼此距离的场合。这位新主管在饭桌上放下身段，显露他的亲和力，让同仁们认识他"真实"的一面，并制造出他和同仁们在人的尊严上的"对等、平行"。一般来说这种动作，有相当良好的效果。

"吃人嘴软"，越是吃得丰盛，越有这种效果。当然，并不是说请人吃饭就可以达到目的，但对于双方关系的增进，是有其人性的根据的。所以很多人都喜欢在餐桌上沟通，有的先吃后说，有的先说后吃，有的则边吃边说。所以有人说，把对方的肠胃安抚好，事情就已成功了一半！

除了吃之外，收受金钱、礼物也具有和“吃”同样的效果，“拿人手短”是也！所以公关人员对新闻记者、访客都要又请吃饭又送礼物。有没有效？当然有效！这道理和“吃”完全一样。

事实上，一顿饭、一份小礼物，价值也不可能太高，可是吃了、拿了，自己的行为、判断和坚持就会软化，人性就是这么奇妙。

如果在生活中你常常会因为不与人“同流合污”、不向人妥协的清高态度而误事，那么适当地放下架子，融入人群之中，你会找到更多的乐趣，看到更多成功的希望。

做人不能没原则，但为人处世没有一成不变的规律，顺应环境的变化，见什么人说什么话，到什么山唱什么歌，才能因地制宜，把事情办好。

方式9 把赞美之言挂在嘴边

关键词：赞美·拉近关系·融洽气氛

适用情境：认为赞美他人是溜须拍马、不学无术时，需学习运用此方式。

有些年轻人对那种总是把对别人的赞美之言挂在嘴上的人没有好感，认为他们只会溜须拍马，不学无术，属于社会的渣滓，这就有些偏激了，“捧人”其实是一种融洽气氛、拉近关系的好方法，用得好，常常可以成为我们成就大事的绝佳助力。

李华是一个房产部的售楼业务员。一次偶然的机会，李华结识了一位女士。李华同她就业务交谈了一次，她对李华经手出售的房子感到较满意，但问过价钱后，只留下了一张名片。

看过名片，李华不由一怔，从名片中得知那位女士是家颇具知名度大公司的“副总经理”。直觉告诉李华，凭女士的经济实力完全可以购买一套房子。

第二天，李华就直接打电话过去“行销”，那位女士并没有表示愿意，只是简单地说了一句：“价钱太贵了，如果能少算一点再谈。”这个“话中之话”是说：对房子满意，对价钱不满意。但当时的李华还不大“懂事”，只是要求去公司找那位女士面谈。

一进入女士的办公室，李华就被眼前豪华的气派惊呆了。一张大办公桌，简直和双人床一样大，左边一套精致的沙发，右边还有一张大型的会议桌，有七八位职员正在“小组讨论”，看来她正在开会。李华也没想太多，直接说出第一句话：“哇！您手下有这么多人啊！”“是呀！这些都是我的公司下属。”女士笑着说道。“哇！这七八个人都是主管，那下面还有更多人吧？”李华问道。李华既吃惊又羡慕地说道：“哇！那您的权力一定很大吧！可以决定人员录取、人事变动及薪资调整吧？“这只是一小部分而已！”女士自豪地说道。“这还只是一小部分啊！这么多男主管还得听您这位女副总经理的，您一定很能干，做事一定很痛快、干脆，有女中丈夫的架势。”听了这番话，李华发现那位女士忽然两目变得炯炯有神，不知道她是高兴还是生气，李华赶快把话题转到房子上：“这房子真的很不错，您要不要带您先生来看过后再决定？”没想到，她对李华的“建议”很不以为然似的，提高了嗓门，大声说道：“不用等我先生来看了，我决定就行了。”李华觉得她好像是讲给旁边的男部属们听的，就故意说：“这个价钱绝对很便宜，若您能做决定，不必问过您先生，我可以立刻帮您去找屋主谈谈价格，否则的话，等到家人看过再说好了。”李华这一说奏了效，那位女士拿出支票，当场开了70万元给当订金。这时，全办公室的男主管都静寂无声，十几双眼睛都一起盯着女士看。女士很“严肃”地对李华说：“好！我买了，就这个价钱，不必再带什么‘人’去看了，我们明天就签约。”

心里想做成什么事，一味盯着这件事谈效果反而不好，先取得对方的认同，然后旁敲侧击，这样离成功就不太远了。

有这样一则故事，说古时候有两个学生要出外上任做官，临行时特地去拜访他们的恩师，询问做官的诀窍。老师问："你们准备怎样做好官？"学生答："我们准备了一百顶高帽子，谁用就让谁戴一个。"老师很不高兴，把脸一沉说："为官要清正廉明，为人要忠孝仁义，你们这样怎能做好官呢？"学生急忙附和说："老师说的有理，但当今世道，像老师您这样不喜欢戴高帽子的又有几个呢？唯一人耳。"老师听了很高兴，便不再说什么了。但当这两个学生出门后，其中一个便对另一个说："哎，想不到没出京城就只剩九十九顶了。"

这就说明，有些人表面上不喜欢奉承，但实际上还是喜欢的，只不过你奉承的方式或火候不对罢了。比如有些人爱马，你就应该赞美他的马，有些人爱枪，你就应该称赞他的枪，这样，不知不觉之中，他们的态度就会亲切得多。

人人都有自己的长处，即使最普通最平凡的人也决不是"一无是处"，这关键在于你是否能够"沙里淘金"、"慧眼识珠"。有些人常常埋怨对方没有优点，不知该赞美什么，这正说明了其缺乏发掘闪光点的能力。赞美者摸清对方的兴趣、爱好、性格、职业、经历等背景状况，对症下药，抓住其最重视、最引以为自豪的东西，将其放到突出的位置加以赞美，这样才能够最大限度地满足对方的心理需要，从而达到自己的目的。

在镇压太平军的行动中，一次，曾国藩吃完晚饭后与几位幕僚闲谈，评论当今英雄。他说："彭玉麟、李鸿章都是大才，为我所不及。我可自许者，只是生平不好谀耳。"一个幕僚说："各有所长：彭公威猛，人不敢欺；李公精敏，人不能欺。"说到这里，他说不下去了。曾国藩问："你们以为我怎样？"众人皆低首沉思。忽然走出一个管抄写的后生来，插话道："曾帅仁德，人不忍欺。"众人听了齐拍手。曾国藩十分得意地说："不敢当，不敢当。"后生告退而去。曾氏问："此是何人？"幕僚告诉他："此人是扬州人，入过学（秀才），家贫，办事还谨慎。"曾国藩听完后就说："此人有大才，不可埋没。"不久，曾国藩升任两江总督，就派这位后生去扬州任盐运使。

在这个故事里，曾国藩的幕僚想赞美曾国藩，但苦于"威猛"、"精敏"之语都已让别人先说了，因而再想不出恭维他的词句，而管抄写的后生从曾国藩说过的"生平不好谀耳"中推断出曾国藩特别看重自己"仁德"的性格特征，于是投其所好，在这一点上加以赞美，果然让曾国藩感到舒服，并由此得到了他的赏识。可见，只要赞美得恰到好处，其效果往往是超乎意料的。

俗话说，好马在腿，好人在嘴，恭维的话人人爱听。越是傲慢的人，其实越爱听恭维的话。有的人义正辞严，说自己不爱被人恭维，愿听批评，这是他的门面语，你如果信以为真，毫不在意地率直批评他的缺点，他心里一定很不高兴，表面上未必有所表示，但内心却十分不安，对于你的感情，只有降低，决不会增进。善于说恭维话，是处世的本领，是发达的因素。

有人以不轻易许人为正直的表现，实则正直与否系另一问题，而眼界太高，胸襟太狭，不懂得与人为善的道理，只能使自己的路越走越窄。

方式10 把话说到对方心窝里

关键词：拉近距离·感情投入·谈话艺术

适用情境：要说服别人时，需学习运用此方式。

要拉近人与人之间的距离，使对方对你产生好感，留下不可磨灭的印象，就要了解对方最关心的问题，从他的立场出发，打好感情牌。例如，知道对方的子女今年高考落榜，因而举家不欢，你就应劝慰、开导对方，说说“榜上无名，脚下有路”的道理，举些自学成才的实例。如果对方子女决定明年再考，而你又有自学高考的经验，则可现身说法，谈谈高考复习需注意的地方，还可表示能提供一些较有价值的参考书。在这种场合，切忌大谈榜上有名的光荣史。

一定要切记一切以对方为中心，采取一种能增加对方感情的谈话口气、态度和方式，那么，你们的交谈就能愉悦而顺利地继续。

“化妆品女皇”玫琳·凯年轻时就曾经遇到这样一位女孩子。

一天，她在海边看到了一位坐着的女孩子，脸上写满了忧郁与哀愁，还挂着泪痕。玫琳·凯微笑着走上前去，问她：“你好，我叫玫琳，能跟你说几句话吗？”

女孩子并不愿意理她，依然在那里感受着落寞。玫琳·凯继续温柔地说："虽然你心情非常糟糕，让你显得有些忧愁，但你依然很美。你有什么伤心痛苦的事情，可以跟我说说吗？"她想了一会儿，就跟玫琳·凯倾诉了起来。当她说得动情时，还流下了眼泪。而玫琳·凯给她的一直是真诚的眼神、用心地倾听和适当地点头。玫琳·凯听得聚精会神，让女孩子感觉到了一种关切和理解。最后，女孩子还说，她今天来海边，就是想结束自己的生命。因为她爱上的那个人，事业有成后就把她抛弃了。

玫琳·凯听了后，不但为她感到忧伤，还气愤地大骂那个男人有眼无珠。最后，她真诚地鼓励女孩道："你放心吧，天底下好男人多的是，你一定会找到一位责任心强且富有爱心的男人的。你看你长得多漂亮，连我这样的女人都喜欢，更何况是男人呢。所以，你一定要振作起来。"

最后，女孩用极其感激的语气对玫琳·凯说："从来没有人和我说过这么多话，我感觉直到今天才算是真正地发现了自我。我现在才相信，活下去会是很美好的。"

其实，每个人都可以利用这样的场合认识别人、建立友谊，只要你愿意与别人交往，善于打开别人的心扉，一定会收到意想不到的效果。

如果把说话比作一篇文章，则话的内容就是这篇文章的骨架，而感情色彩即是文章的修饰部分。假如没了修饰，文章则会干巴巴而毫无情趣可言，想用它打动人更是不可能了。所谓巧言妙语就是要富于感情，如此方能打动人心。

在朱镕基视察中央电视台的前一天，中央电视台的有关领导告诉敬一丹："明天，总理来视察的时候，你要想办法得到朱总理的题词。"敬一丹听了既感到欣喜，又多少有些为难。她开始了苦苦的思考：我怎么向总理提出这个请求才好呢？第二天，朱总理在中宣部部长丁关根同志的陪同下，来到中央电视台。他走进《焦点访谈》节目组演播室，在场的所有人都起立鼓掌，气氛一下子热烈起来。朱总理跟大家相互问好之后，坐到主持人常坐的位置上，大家簇拥在他的周围，争先恐后地与他交谈。一位编导说："在有魅力的人身上，总有一个场，以前我听别人这样说过。我看您身上就有这样一个场。"朱总理不置可否地笑了。演播室里的气氛更加活跃、和谐。

敬一丹感觉这是一个好时机，一个很短暂的、稍纵即逝的时机，于是走到朱总理面前说："总理，今天演播室里聚集在您身边的这20几个人只是《焦点访谈》节目组的1/10。"总理听了这话，说："你们这么多人啊！"敬一丹接着说："是的，他们大多数都在外地为采访而奔波，非常辛苦，也非常想到这里来跟您有一个直接的交流，但他们以工作为重，今天没能到这里来。您能不能给他们留句话？"敬一丹说得非常诚恳，而且非常婉转，然后把纸和笔恭恭敬敬地递到朱总理面前。总理看一下敬一丹，笑了，接过纸和笔，欣然命笔，写了"舆论监督，群众喉舌，政府镜鉴，改革尖兵"十六个字。总理写完，全场响起一片掌声，热烈的气氛进入了高潮。

得到总理的题词，大家都觉得特别高兴和欣慰，因为这首先说明总理对中央电视台《焦点访谈》节目的重视和肯定。

敬一丹知道朱总理非常喜欢《焦点访谈》这些年轻记者们，于是她就为总理描绘出这样一种情景：记者们四处奔波，长途跋涉，冒着危险采访。他们心中还有一个愿望，那就是特别想与总理交谈，非常想来，但为了《焦点访谈》这一事业，他们没有来。这一番富于感情色彩的话很能打动人，让总理不忍拒绝。敬一丹的请求是曲折委婉地提出来的，表述得又十分诚恳贴切，因而最终如愿以偿。

谈话的功力也是一门艺术，让人人满意并不是一件简单的事，最重要的一点，是切实了解不同阶层、不同年龄段的人的价值取向、心思喜恶，这样你就找到了感情的切入点。

方式11 留下别人喜欢的，摒弃别人厌恶的

关键词：与人交往·求人办事·投其所好

适用情境：与人交往或求人办事时，需学习运用此方式。

“知己知彼，百战不殆”这句老话，是很有道理的。战争如此，做人做事人也必须如此。

人生在世，每时每刻都离不开与人打交道，待人处世与每个人的关系就犹如鱼儿与水一样，须臾不可分离。然而，世事如井水，如何探得其中深浅，最终达到如鱼得水的境地，却需要下一番工夫。

有一个小伙子为人热情大方，很善于与各种各样的人打交道。在调到一个新单位后，他首先想到的就是如何赢得主管的好感和赏识。

在做了一番调查后，他得知主管为人处世比较保守，于是他就毅然舍弃了长发、牛仔等时髦装扮，而以循规蹈矩的形象出现在上级面前。

在初步赢得上级的好感后，这个小伙子又充分发挥自己热情、乐于助人、慷慨大方的优点，主动与上级交往建立起了朋友般的友谊。他并不是经常围着上级转，而是设法去顺应上级的性格特点。他的上级有一个最大的爱好——下围棋，于是，在围棋上刚入门的他就苦练了一段时间的棋艺，然后频频在主管常去的一家俱乐部露面，并每次都是和主管一起对阵、切磋棋艺，在棋来棋往中，上级与他俨然成了好朋友。

经过这样一番交往，上级水到渠成地了解了他身上的优点和才能，在工作中对他委以重任，从而赢得了事业上的成功。

俗话说得好，萝卜白菜各有所爱，每一个正常的普通人，都有自己的厌恶和喜好，都有对事物的评判标准，都有自己的是非标准。如果有人天生就憎恶一种东西，你却没有注意到这一点，这样你就会让别人觉得你与他没有共同语言，并

且会让他人感觉你怠慢了他，甚至使对方厌恶你。

与人交往能够左右逢源，凭借的就是见闻广博、明晰善辨，对他人心中好恶的见解能够一针见血，只留下别人喜欢的，摒弃别人厌恶的，做到这些你才能算得上是个聪明人。特别是一些精明强干的人，他们最欣赏的就是能够深刻了解他、并知道他的愿望和情绪的人。

求人办事的唯一捷径，就是要投其所好，如果你能投其所好，说的话就能深入人心。所谓“合得来”，指的就是性格、道德、习惯、趣味等相似而产生的感情相娱相悦，而不仅仅是指可以合作共事。如果你总是直来直往，只会招来对方的厌恶甚至给自己带来麻烦。

从美国总统罗斯福的传记中我们可以知道，每一个拜访过罗斯福的人，都会惊讶他何以全知全能。无论是牧童、农民、劳工，还是政治人物、商业巨子，都能和罗斯福谈得很投机，这中间到底有什么秘诀呢？

其实说来也很简单，罗斯福是个历史上相当成功的政治人物，他深知获取人心的捷径，就是谈论对方以为最值得谈的事。罗斯福无论接见任何人，不管那个人地位高低，在接见前一晚他肯定要预先阅读对方有兴趣的谈话资料。所以，所有见过他的人，无一不对罗斯福有好评。

与人交往，真诚相处，不说假话，不做假事，是每一个人应遵守的做人原则。但是，直来直去性格的却不是一种美德。直来直往，说好听点是豪爽，说不好听点就是没大脑，甚至是有点“成事不足，败事有余”的涵意。

对人最大、最巧妙的恭维不是直接拍马屁，而是在不动声色中你能明白别人的需求而照顾到他，或者知道他讨厌什么而使他能够回避，这种恭维的效果比你替他做一件重要的事更能赢得他的友谊。

许多人都有这样一种毛病，就是凡是不符合自己好恶标准的人就一概拒绝，不相往来，也不顾及其中的利害关系。这种处世方式不免有些幼稚，人与人交往都不可避免地有利益交换的一环，如果这个时候还一味地以自己的好恶去选择交往的人，还自以为是地把这种风格称作清高，结果只能是离群索居，被人孤立，处处吃亏。

人活着就需要各种各样的朋友，不同的朋友可以满足不同层次、不同方面的需求，我们固然需要品性相投的朋友，但也同样需要事业上的伙伴、利益上的合作者，没有这些人的帮助，我们的人生同样不完美。俗话说：金无足赤，人无完人。如果总是以主观好恶评判一个人，则天下就没有什么可以交往的人了。

世界是丰富多彩的，人与人也是各不相同的。为人处世你必须存有这样的心理：别人不愿意做的事情，就不要勉强；对方所喜欢的，就要模仿而顺从；对方讨厌的，就要避而不谈。你应该用心了解对方的一切，尤其是对方对事物的评判标准，这对你在与他人的相处中会有很大的帮助。根据对方的性格修正自己的处事方式，从而与对方建立起一种良好的关系。

投其所好，看人下菜单，针对不同的人采用不同的方法，满足其心理需求，这样才会使自己立于不败之地。

方式12 在对方脆弱的时候送去真情

关键词：逆境·脆弱·落魄

适用情境：当对方处于逆境或落魄时，需学习运用此方式。

人生就是一个坎坷不平的过程，有成功，就有失败；有得意者，就有落魄者。或许你昨天还是成功的典范，是一个意气风发、春风得意的人，到了今天，你就有可能由于某种原因而一贫如洗，变成一个普普通通的人，甚至是还不如普通人的落魄者。

在商品社会中，这种现象并不罕见。而且，落魄者的情况也各不相同，有的是因为政治原因，有的是思想品德所致，还有的是工作失误的结果。但是，不管是何种原因，对于落魄者来说，从天上掉到地下，其痛苦心情可以想象得到。所以，在这种际遇地位剧烈变化的情况下，不少人会自惭形秽，觉得没脸见人，也有的则更加自尊、敏感，对他人的态度往往异常关注。

特别是一些曾经位高权重的人，在位时人们前呼后拥，自然心高气傲，即使别人见面不主动和他打招呼，他也不会在意，对于主动打招呼的人有时印象也不会很深刻。可是，一旦从高位上退下来之后，情况就会与从前大不一样了。

正所谓“门前冷落鞍马稀”，此时，他会变得很在意别人对他的态度。可以说，这时的每一个问候对他都是珍贵的，都会给他留下深刻的印象。所以，见面后，你如果主动与他热情地打招呼，并用原来的官职来称呼他，他自然会把你记得牢牢实实的。

要知道:“瘦死的骆驼比马大”，别看他退休了，依然有能量。与他来往的多是一些有身份的人，说不定哪次聚会时想起你来，随便推荐一下，对你来说就有可能是一个大机遇。另外，关注这类失势的人也代表了一个人的良好心态，你对他始终如一的尊重，表明了你的问候是发自内心的。所以，你在他心目中的形象也会是一个正面的。

但遗憾的是，社会上总有一些人，在别人有权有势时，成天围着人家转，一旦他人大权旁落，便“树倒猢狲散”，甚至还会“落井下石”。所以，这种“墙头草”人物往往不会赢得他人的尊重，也难以得到别人的帮助。

在上世纪60年代的“文革”时期，就有一位领导被关了牛棚，可以说当时的境况是很惨的，所以没有人敢接近他。他的心情很苦闷，一度丧失了生活信心，动了自杀的念头。

这时，他的一个部下，不怕受连累，主动来见他，给他送了很多东西，并极力地开导他，甚至狠狠地批评了他的轻生思想，对他进行了一番又一番的鼓励，并对他说“他前途是光明的。”

就这样，经过这位部下的鼓励，再加上自己从战争年代保留下来的坚韧品质，他终于坚持了下来。后来，这位领导出山后，十分感谢他的这个部下，也因此把他当成了自己的知己。有一次，这个部下得了重病，他便把自己的全部积蓄拿出来给他看病，后来又把他接到自己家里养起来，可见莫逆之交感情之深。

落魄者的情况十分复杂，不能一概而论，应根据不同情况处之，但还是有一些共性原则可以遵循。从一定意义上说，对待落魄者的态度不仅是对一个人人格品质的考验，更是建立真正友谊的契机。

赞美成功者，属于“锦上添花”；关照落寞者，这叫“雪中送炭”。锦上添花固然好，但雪中送炭更重要。比如，朋友、同学聚会时，大家往往容易众星捧月般地与成功者交谈，甚至餐桌上的主题也是围绕着成功者进行的。此时，你也应该关心在角落里默默无语的人，他更需要关心，需要问候。

还有，在一些社交场合中，成功人士自然是众人关注的中心，所以一些普通的参与者则会被冷落一旁。此时，我们若能用心地去问候一下这些冰冷的角落，也往往会得到意想不到的效果。比如，在餐桌上，通常情况下我们除了赞美老总之外，还要顾及司机，也许只是一句“李师傅开车开得很好”，就能让这位老司机热泪盈眶。其实，赞美一个人的手下，也是对他的赞赏，正所谓强将手下无弱兵嘛。

但有一点值得注意的是，在向对方表示你的关心时，一定要有正确的态度，不应带有居高临下的感觉，更不能带有表示怜悯的意思，而应保持一种热情、真诚地问候，这样他们才会感受到你对他是真诚的尊重。

人最脆弱的时候，也是最容易被人说服的时候，只要你能拿出你的真感情，你们之间就能建起牢固的友谊，办起事来自然也就顺风顺水了。

方式13 给对方传递期望

关键词：积极期望·真诚愿望·激发潜能

适用情境：要想使一个人发展得更好，可运用此方式。

影响他人的第一步，就是要从心底里散发一种和对方建立联系、成为朋友的真诚愿望。

人与人之间，积极的期待具有一种超常的能量，它能够改变一个人的行为与思想，能激发出人身上潜在的能量。

在古希腊神话中，就曾记载过这样一个故事：

塞浦路斯的国王皮格马利翁非常喜欢雕塑。一次，他用一块象牙精心雕塑了一个美女像，给她取名为“盖拉蒂”。

这尊雕塑实在太完美了，以至于皮格马利翁逐渐地爱上了自己的作品。他每天都对着雕塑倾诉绵绵情话，赞美她的美貌，真诚地希望她能够幻化为人形，成为自己美丽的妻子。

一天，皮格马利翁的痴心终于感动了女神，雕像化作一位楚楚动人的美女，笑吟吟地朝他走来。皮格马利翁的期望终于成真，迎娶了眼前这位让自己朝思暮想的女子。

这就是心理学上的“皮格马利翁效应”，它就是人们从这个故事中总结出来的，是指热切的期望与赞美能够产生奇迹：期望者通过一种强烈的心理暗示，使被期望者的行为达到他的预期要求。

在后来，“皮格马利翁效应”又被称作“罗森塔尔效应”和“期待效应”，这是由于美国著名心理学家罗森塔尔和雅格布森曾在一次实验时也运用了与皮格马利翁同样的原理。

1968 年，罗森塔尔和雅格布森来到一所小学，从一至六年级中各选 3 个班，在学生中煞有介事地进行了一次“发展测验”。他们列出了一张学生名单，声称名单上的学生都极具潜质，有很大的发展空间。8 个月后，他们又一次来到这所学校进行复试，他们惊喜地发现，名单上的学生成绩进步很快，性格更为开朗，与老师和同学的关系也比以前更融洽了。

其实，在这次实验中，他们所提供的名单完全是随机抽取的，并且通过一种“权威性”的谎言暗示教师，以此将这种暗示再通过教师传递给学生。

在这次实验中，尽管教师们都悄悄地将这份名单暗藏于心中，但是，在真正的教学活动中，他们还是不知不觉地通过眼神、微笑、言语等途径表现了出来，并一点点地传递给了那些名单上的学生。这些学生受到老师的暗示作用后，也逐渐地变得更加开朗自信、充满激情，在不知不觉中更努力学习了，也越来越优秀了。

从皮格马利翁的故事和罗森塔尔的实验中，我们可以看到这样一个现象：一个人得到别人的信任与赞美后，他会变得更加自信和自尊，从而获得了一种积极向上的原动力。因为，他们为了不让对方失望，往往会更加努力地将自己的优势发挥到极致，尽力达到对方的期望。从而使自己变得更优秀，其行为和思想更接近于期盼者。

要想使一个人发展更好，就应该给他传递积极的期望。管仲在做齐国的宰相以前曾经负责押送犯人，但是，与别的押解官不同的是，管仲并没有亲自押送犯人，而是让他们按自己的喜好安排行程，只要在预定日期赶到就可以了。犯人们感到这是管仲对他们的信任与尊重，因此，没有一个人中途逃走，全部如期赶到了预定地点，由此可见，积极的期望对人的行为的影响有多大。

心理学家威廉·詹姆斯曾说："人性中最深切的渴望就是获得他人的赞赏，这是人类之所以有别于动物的地方。"可以说，无论是高高在上的名流贵族，还是卑微平凡的贩夫走卒，人人都有这种心理，总会希望得到他人的赞美与尊重。

比如，华盛顿就喜欢别人热情地称呼他为"美国总统阁下"，凯瑟琳女皇也拒绝接受任何没有注明"女皇陛下"的信函，法国作家雨果则希望巴黎有朝一日能改名为雨果市，就连莎士比亚也千方百计地想为家族赢来一枚荣誉勋章……

你能说这些伟大人物的这些想法只是虚荣心吗？其实，美好的荣誉无论对于伟人还是平凡人，都有着不可低估的力量，都希望自己身上拥有积极而美好的荣誉，所以这种荣誉就是对人的一种赞许，更是一种肯定。

相反，如果向对方传递了一种消极的期望，你总是认为别人都不如意，甚至一无是处，并经常批评指责别人，那么他们也就可能真的会变得自暴自弃，向着消极的一面发展，成为真正的一无是处的人。所以，在人际交往中，这也是一件非常危险而又可怕的现象，每一个人在交往中都应注意到这一点。

只要你对某个人或某个群体投以积极的期望，这个人或集体就会逐渐与你的期望相符合。这就像我们平常所说的"说你行，你就行，不行也行；说你不行，你就不行，行也不行"一样，如出一辙。

因此，在人际交往中，要想使一个人发展得更好，就应该给他传递积极的期望。一旦你的这种有意识或无意识的好意和信任让对方知觉，对方就会产生出相应于这种期望的特性，促使人们向好的方向发展，从而就会创造出惊人的人情效益。

记住这样一句明智的话：没有人愿意接受批评，表扬却能使一个人焕发出巨大的力量，承认别人，欣赏别人，慢慢地别人也就会变得"不行"也行了。

方式14 多说几个"我们"

关键词：拉近距离·套近乎·消除隔阂

适用情境：人际交往中，要消除彼此间的隔阂时，可运用此方式。

在人际交往中，"你"、"你们" 讲得太多了，会在对方与你之间筑起一道防线，形成障碍，影响别人对你的认同。因此，在交谈中应尽量不说"你"、"你们"，而应多说"我们"。

会说话的人，在人际交往中总会刻意地避开"你"或"你们"这样尖锐的字眼，而是巧妙地采用"我们"作为说话的开头。这样，一个说"我们"就可以拉近双方的距离，并用对方的认同感表明"我们"的真诚，从而消除了与对方的隔阂，使对方更容易与自己形成一种合作的意识和共鸣。

在俄国十月革命时期，许多农民一直怀着对沙皇刻骨的仇恨，所以在刚刚胜利的时候坚决要求烧掉沙皇住过的宫殿。对此，有人做了许多工作，农民都置之不理，非烧不可。最后，列宁不得不亲自出面做说服工作。

列宁对农民说："烧房子可以。在烧房子之前，我们大家一起来思考几个问题可以不可以？"

"当然可以。"

列宁问道："沙皇住的房子是谁建造的？"

农民说:“是我们建造的。”

列宁又问:“我们自己建造的房子,不让沙皇住,让我们自己的代表住好不好?”

农民齐声回答:“好!”

列宁再问:“那么这房子我们还要不要烧呢?”

农民觉得列宁讲得好,同意不烧房子了。

可见,使用“我们”可以有效地避免谈话双方的对立情绪,而使问题处在一种融洽的氛围中得以解决。

但是,在人际交往中总有这样一类人,他们过于以自我为中心,总认为:“我就是太阳,所有的星星、地球、月亮都得围着我转。”总把“我”的意志放得高于一切,总觉得别人都得服从于他。甚至,有一些找人办事的人往往表现得比给他办事的人还横,总有一种人人都欠他八百吊的气势。这样去求人办事,对方当然不愿意帮助你了!

说白了,这样的人就是太没有修养,太不“懂事”,所以也很难“成事”。

在工作中就有一个这样的人,有一天他有急事要找他的客户老张。拨通电话后,他就高声地对电话中喊道:“喂,你给我找一下老张!”

那天,接电话的秘书小王正好刚挨了老板的一顿批评,心情很不好,有气正无处发泄。所以,一接起电话,听到对方这种命令口吻,心中的气就不打一处来。她知道老张正在隔壁的办公室开会,会议大概半小时后结束。要是平常,小王接到这种找人的电话,一般都会问清楚对方是谁,找谁,有什么事情,是否需要自己转达等,但这个电话让她听起来很不舒服。

于是,她也冲着电话那头大声说:“他不在!”随即挂掉了电话。

这个年轻人找不到想找的人,也不知道什么时候再打电话才能找到,只有急得像热锅上的蚂蚁,无计可施。

他不知道,造成这一结果的原因就是,他在电话中太不会“说话”了。

如何与人相处,是一个人进入社会首先要学习的课程,因为在这个复杂的社会关系网中,每个人都必须与外界交流,拓展自己的人际关系,提升自己的人脉竞争力。然而，在现实生活中，很多人总是习惯地认为“我又不打算在社会上大出风头，我只是脚踏实地，自己干自己的，有什么必要去迎合别人，去懂那些人情世故？”因此，他们不擅长与人打交道，也常常在工作和生活中处于孤立状态。

一个人如何说话，其实就像驾驶汽车一样，应随时注意交通标志，也就要随时注意听者的态度与反应。如果红灯已经亮了仍然向前开，那么闯祸也就必然了。与此类同，在说话中不管听者的情绪或反应如何，只是一个劲地提到“你”应该如何如何，或者“你们”要如何如何，这必然会引起对方的反感。

与之相比，那些“会来事”、“灵活”、“会随声附和”的人，就懂得把“你”、“你们”变为“我们”。这样一来，他们就可以巧妙地拉近双方距离，得到他人的认可和接纳，使对方更容易接受他和他的话，更能获得成功的机会。

也许，改变一下就会更好，把“你”、“你们”改为“我们”，这样你就能立即获得对方的好感，使你与别人的友谊更进一步加深，并使你更坚定地立足于这个社会。

方式15 适当地赞美对方

关键词：增进感情·拉近距离·赞美技巧

适用情境：想拉近与他人的距离时，可运用此方式。

老人有句话说：“存心拍马屁，没有好结果；完全不拍马屁，一生很坎坷！”

在现实生活中，我们反对拍马，批判拍马。同时，一时一刻也离不开赞美，处处都在运用赞美。不懂得赞美技巧，便不懂得成功的诀窍。

很多人成天唱高调，说决不拍别人的马屁。事实上，这是对自己平庸和无能的掩盖，这种人是无法出人头地的。讨厌别人对自己拍马屁的人是少之又少。即使有，也只是一种掩饰。叱咤风云一世的拿破仑，非常讨厌别人拍他的马屁。有一次，随从对他说："将军！您是最讨厌别人对您拍马屁的吧！"拿破仑笑着说："是的，一点也不错！"事实上，这不就是那位随从的一记"拍马屁"吗？

赞美，也是一门艺术，也是人际关系中不可多得的"润滑剂"。我们都知道，在骑马前人总要先拍拍马的屁股，这样马才会温顺地让你骑上去。作为动物的马如此，更何况人在这种如此竞争激烈的人生之途呢？如果不会一点拍马屁的功夫，又怎能做到事随人愿呢？

从社会心理学角度来说，在恰当的时机赞美他人也不失为一种有效的交往技巧，这样往往能够有效地缩短人与人之间的心理距离，从而更有效地促进人际关系。

在某企业，有一名销售人员叫小王，一次在他与某企业客户的总工谈合作事宜时，听说这位总工过去是学医的，于是在谈业务的过程中便提到了医学。

他说："您是学医的呀，真不简单！我当年就想当医生，考医学院，可成绩不够没考上。"小王用自己的经历来提升学医的高度，足见其真诚。后来，总工逢人就夸小王会说话，因而双方的合作也开展得非常顺利。

还有一个女孩叫小孙，一天吃过晚饭后，她与父亲一起到公园里跑步，边跑她边对父亲说："爸爸，你跑得好轻快呀，都听不见脚步声。我就不行，咚咚，感觉腿很沉。"她爸爸一听，跑得更轻快了，差不多要快她一圈儿了。

第二天，小孙的妈妈对她说："女儿，真奇怪，你爸爸昨天和你一起跑步回来，做了50多个俯卧撑，他平时最多也就做35个。"小孙心想："不就是因为昨天夸他比我跑得好吗？我爸的好胜心也够强的。"

面对生活的困境，面对工作的难题，指责和抱怨有时不能达成你的意愿，那你为什么不适当地赞美别人呢？这也许比任何一剂良药都要管用。

人人都有虚荣心，当一个人的虚荣心受到他人维护和满足时，就会产生心情舒畅的体验，就会产生独立、坚强、自信及有成就感；反之，虚荣心受到他人伤害或侮辱，就会产生痛苦、愤怒、反感等抵触情绪。

古时候，有一个皇帝，一直认为自己的王国是最强盛的，任何东西也都是世界第一流的，尤其制作的绳子更是当世无匹。但是，有一群外国商人却认为他们的绳子不结实，而自己的绳子才是第一流的。于是，他们就四下里散播这个国家的绳子不如外国绳子的言论。

这个皇帝知道后非常气愤，就派人把这群商人和散布传播流言的人抓了起来，同时判处商队的头子以绞刑。

行刑的那一天，商队头子被绑在绞刑架上，绞刑开始了，他不住地挣扎，左摇右晃，不肯乖乖就范。突然，用于绞刑的绳子被他弄断了，他猛地摔在了地上。在当时，如果行刑时遭遇到这样的情况，会被认为是上天在保佑犯人，犯人将得到赦免。

商队头子确信自己将会得到皇帝的赦免后，得意忘形，向着围观的人群大声喊叫道："看到了吧，你们王国的绳子就是这么差劲，连个人都吊不住！你们什么都不会制造，甚至是小小的绳子！"

监斩官将绞索断裂的消息告诉了皇帝，皇帝一听虽然气愤不已，但祖宗定下的规定也不能破坏，于是就御笔亲题想要赦免商队头子。

谁知，这时皇帝突然问道："绳断以后，那个家伙又说什么了没有？"

"陛下，"太监说，"他说我国的绳子就是差劲，连个人都吊不住，我国什么都不会制造……"

皇帝一听气上加气，把赦免令撕了个粉碎，大声说："好，既然这样，就让我们证明事实与他想的相反吧！"

第二天，商队头子再一次被推上了绞刑台。这一次，绳子没有断。

商队头子冒犯了皇帝，遭到意外的赦免之后，不仅没有见好就收，反而不知深浅地揶揄皇家的绳子，结果皇帝知道后改变了赦免他的主意，商队头子最终难逃一死。事情原来可以不是这样的，商队头子本来很有运气，吊到绞索上还能收获意外的赦免，但是他最后却死在自己的嘴巴上。

说话是学问，会说话更是学问。会说话不仅是一个人的优点，还是对一个人为人处世有方法不莽撞的褒奖。相反，不会说话只会犯下错误，正所谓"祸从口出，言多语失"，招来的只会是别人的反感，甚至还会因你的言语过失而带来沉重的打击。

是人都喜欢听赞颂之辞，不喜欢批评的声音。人类本性上的需求之一就是期望被赞扬、钦佩和尊重。所以，在你对别人赞扬时，别人也会因为你的赞扬而更加注意听你讲话，你也会被认作和蔼可亲的朋友而被对方接受。

小时候，大家都玩过跷跷板，其实适当地拍拍马屁就像玩跷跷板一样，你在这头压低自己，就能将另一端的对方抬起来，他在上面站得住吗？站不住的，必然会再压下来，把你抬上去："哪里，哪里，其实你也够优秀的。"——这就是相互拍马的妙处！

适当地赞美是一种重要的交际手段，它能在瞬间沟通人与人之间的感情，能使双方的感情和友谊在不知不觉中得到增进，调动其交往合作的积极性。所以，适当地赞美别人，只要你表演得好，坏事也会变好事。

当然，赞美也要适时适度，不可滥拍乱拍。否则，不但起不到融洽气氛的作用，反而会使别人对你有别的看法，这一点是你应该特别注意的。

方式16 受到恩惠就要表示感谢

关键词：人际交往·恩惠·感谢

适用情境：与人相处时，需学习运用此方式。

人在社会上行走，要和别人处好关系，要和别人打好交道，就少不了对人家说几句感谢的话。

在世界上，日本人可以说是最爱说"谢谢"的民族。曾有人做过统计，一个在百货公司工作的日本职员，平均一天要说 571 次谢谢，否则他就不是一个好职员，就有被解雇的可能。

不管 571 次这个数字是否准确，但有一点必须承认，一位顾客如果买了东西，营业员对他说声“谢谢，欢迎再来”，如果顾客不买东西，只是逛了一圈，仍对他说声“谢谢，欢迎光临”，相信谁都会更愿意光顾这样洋溢着温馨气氛的场所。

“谢谢！”当你听到这两个字的时候，会有什么感觉呢？也许你觉得那是再普通不过的了，但是这样一句欣慰的话如果你不会，说不好也会产生很多歧义。

在实际生活中，很多人不是不想表达他们的感激之情，只是他们不知道该如何开口，因此他们只好选择了沉默。再加上中国人向来就有这样一个毛病，就是虽然重感情，但不善于表达感激之意，就像是树立在清华园里的“行胜于言”的石碑，所以往往行多于说。

还有些人，他们充满感情的表达却让对方感到不自在。“前几天的某某事，真是太感谢啦！下次有事你来找我，我一定会好好给你办。”“你帮了我的忙，那么下次我一定会帮你的”。这样的表达不免让人产生“和他做朋友，假如没用处的话，不用考虑，绝对会被一脚踢开”的想法。

人与人交往，人的感情是相互的，并不像一些做生意的人那样赤裸裸的物质的交换。在表达谢意的时候，如果忽视了感情上的交流，那么，这样的交往就同样会让人觉得兴味索然，彼此的交情也肯定维持不了多长时间。所以，表达感激之情虽不是什么太难的事，但在表达的时候也是要有一些“技巧”的。

第一，恩惠不论大小，都要表示感谢

对那些帮助你或试图想帮你的人，不仅立即要说谢谢，更要保持联络，让他们知道由于他们的引导或观念而促使你进步的情况。知道自己施恩于人是件令人高兴的事——要以满足感来回报那些帮助你的人。

第二，表达感谢一定要及时、主动

尽管许多人帮助他人，并不指望得到回报，但对于接受了帮助的人来说却一定要及时、主动地表示真诚的感谢。

及时就是要在时间上抓紧，事情一有结局就要马上表示感谢，不能慢吞吞地一拖再拖；主动则是从态度上表现出重视，要主动上门去感谢，不要让对方上你家或在路上偶然遇见时才忽然想起要感谢一下。

及时、主动地表示谢意，这才能说明你尊重他人的帮助，才能说明你是一个性格爽直、懂得人情的人，才有助于进一步加深彼此的感情。

第三，表达谢意要真诚、守信

别人帮你解除了麻烦或困难，不管对方付出的劳动如何，不管对方是出于何种动机，只要确实给你提供了帮助，就应该不折不扣地给予酬谢。即使对方品格高尚，决意不要酬谢，你也不能心安理得地享受别人给你带来的成果，而是应该改变一下方式，通过其他途径表示感谢；对完全是为酬谢而来的帮助者，其动机虽然没有那么高尚，但也不能因为人家的品格不高尚而指责别人，毕竟人家帮你解决了困难，所以你应该做到真诚、守信，兑现原先的承诺。

第四，要掌握好感谢的度

和做其他事情一样，感谢别人也要掌握分寸，力求适度，过分和不足都有所不妥。过分，或许会让人难以接受，甚至产生怀疑；不足，则会让人觉得不尊重对方的劳动。根据对方付出的劳动多少和帮助给自己带来的益处，合理适度地给予感谢以表达你的感激之情，这样才能让人看到你的真诚。否则，过分或不足都会让人不自在，也就失去了你表达感谢的本意。

第五，表达感谢要自然

在表达你的感激之情的时候，你的话一定要清晰而自然，不要吞吞吐吐，含糊其辞，那样会给对方以做作的感觉。在你需要表达你的感激的时候，一定是因为别人做了对你有帮助的事，你是受益者，所以你的心情应当是充满快乐的。所以，表达你的感激的时候，最好是专注地注视着对方，这样你的话才显得是出于真心的，你的感情才显得真挚。

第六，表达感谢不能是一次性行为，而是感情的延续

情感不同于货款交易，不能用一手交货一手交钱的商业手段来处理。情感上的事情，除了对必要的谢意要及时表达外，还要在感情上做出一定的回报，在适当的时间、适当的地点表现出你的人情味，让对方感觉到人情之间的温暖，并不是酬谢完就从此两清了，毫不相干了。只有这样，你的人情之桥才会永远畅通。

在必要之时，对他人给予自己的关心、照顾、支持、喜欢、帮助，表示必要的感谢，不仅是一个人应当具备的修养，而且也是对对方为自己而“付出”的最直接的肯定。

方式17 针对对方的心理去收拢人心

关键词：收拢人心·说服·求人办事

适用情境：求人办事或要说服他人时，可运用此方式。

人们在做出某种决定时，事实上大多是依赖人的感情和五官的感觉来做判断的，也就是说感情可以突破难关，更能诱导反对者变成赞成者，这就是潜在心理术的突破点。

在美国，有一位少年在地铁的站台上不小心掉了下去，飞驰而来的电车让他失去了双手。于是这个少年就向地铁公司提出控诉，但是，不论是地方法院的审判还是最高法院的审判，都认为这不是地铁公司的过失，而完全是少年自己造成的。

然而到了最后判决的日子，在这最后的一场辩论中，法院竟宣判少年胜诉，而且全体陪审员一致赞同。据说这完全是靠少年的辩护律师，在当天的最后辩论中他说了这么一句话：“昨天我看到少年用餐时，直接用舌头去舔盘子里的食物，使我不禁掉下泪来。”

这句话使陪审团的判决峰回路转，其原因是显而易见的，因为人类毕竟是感情动物，即使有千百个理由，也比不上一个令人感动的事实。

收拢人心，最重要的是要针对对方的心理。人心都是肉长的，动之以情往往比晓之以理更有效。给地位卑贱者以尊重，给贫穷者以财物，给落难者以援力，给求职者以机会等等，这就是收拢人心最有效的方式。

亚当·斯密在《国富论》中有一段话就说得非常明白：“我们每天所需要的食

物和饮料，不是出自屠户、酿酒家和面包师的恩惠，而是出于他们自利的打算。我们不说唤起他们利他心的话，而说唤起他们利己心的话；我们不说我们自己需要，而说对他们有好处。"

亚当·斯密的这段论述向我们表明：人和人之间是一种交换关系，能获得食物和饮料，是因为每个人都要获得自己最大的利益。所以，有时并不是人们无情无义，没有爱心，而是人们没有找让他人表现出爱心的方法。

青岛一家电器公司的推销员挨家挨户推销洗衣机，当他到一户人家时，恰好这户人家的太太正在用洗衣机洗衣服，就忙说："哎呀！你这台洗衣机太旧了，用旧洗衣机是很费时间的。太太，该换新的啦！"

结果，还没等这位推销员说完话，这位太太马上产生反感，驳斥道："你在说什么啊！这台洗衣机很耐用的，我都用了6年了，到现在还没有发生过一次故障，新的也不见得好到哪儿去，我才不换新的呢！"

这位推销员只好无奈地走了。

又过了几天，又有一名推销员来拜访。简单地沟通后，他初步了解了太太的心理，便说："这是一台令人怀念的洗衣机，因为很耐用，所以对太太有很大的帮助呀。"

这位推销员先站在太太的立场上说出她心里想说的话，使得这位太太非常高兴，于是她说："是啊！这倒是真的。我家这部洗衣机确实已经用了很久，只是有点旧了，我正在考虑要换一台新的洗衣机呢。"

于是推销员马上拿出洗衣机的宣传小册子，提供给她做参考。

人是自利的，同时人又是理性的。也就是说，每个人做事情都是为了有利于自己，并且每个人都知道做什么事情和怎样做事情才能有利于自己。比如，人们都希望买到"物美价廉"的商品，决不会希望买"质次价高"的商品，这是每一个有理性的人都能做出的事情。所以，一个人能不能成为好人，关键在于如何从心底里让他愿意付出，只要能从对方的心理出发，天下就没有什么难办的事情。

英国著名政治家和作家迪斯累利说过这样一句话："死脑筋的人相信命运，活脑筋的人则相信机会。"相信命运的人随波逐流，最终被命运的漩涡扼住了咽喉，相信机会的人却主动出击，自强不息，最终扼住命运的咽喉，实现了自己的梦想。

做事就要懂一点心理学，要懂得针对对方的心理去收拢人心，这样你才能一语中的，一眼看透他人的心机。一个人如果在人际交往过程中懂得体会他人的情绪和想法，理解他人的立场和感受，并站在他人的角度思考和处理问题，也就是心理学上说的，有一颗同理心，这样的人才更具有亲和力，他的人际关系才会是良好的。

人际交往中，多注意对周围的朋友与同事做点感情投资是值得的。说世俗一些，你现在钓不到大鱼，就应该对身边的小鱼来一个“全面撒网，重点培养”，为自己创造一个日后发展的人缘基础。如果总是抱着“钓到的鱼不用喂食”的平庸态度，很可能落个众叛亲离，大鱼钓不到，小鱼苗也都让你饿死了。

求人帮忙是被动的，而如果能够善于结交人情，懂得攻人攻心，处处施以恩情，这样你就能在社会左右逢源。

方式18 礼要送得巧，不可乱送

关键词：求人办事·人际交往·送礼

适用情境：求人办事或人际交往中，需要送礼时，可运用此方式。

中华民族向来是礼仪之邦，“礼”文化也源远流长。即使在今天，礼尚往来，也是人际交往的一项重要内容。

对于现在的社会来说，送礼也是一门很深的学问。如果送礼送得恰当，就会收到非常好的成效，它不仅能让受礼人接受得轻松、愉快，而且送礼者自己也会很开心。但是，有时也会因为方法不当，时机不对，礼品不妥而事与愿违，反而人情未结，芥蒂又生，可谓“赔了夫人又折兵”，有些划不来。

做任何事都有个恰当与不恰当的问题，送礼也不例外。只有在恰当的时候送恰当的礼，这样才能收到最好的效果。一个人与一位领导只见了一次面，虽然当时领导接了他的名片，并且也约好了以后到他家去玩。这个人以为，这样就可以与这位领导交往了。不久，他就去送礼，结果却被人家挡了出来。可见，送礼也不能乱送，也要讲时机。

李刚一向相信实干，总以为靠自己的能力吃饭，凭着自己的努力赢来同事的尊重才最可靠，但是，随着时间的推移，他眼睁睁看着不如自己的同事一个个升职，而自己却一直原地踏步，心里也不免有点发慌了。于是，一向不屑于与领导套近乎、攀高枝的他，也开始动心思想送点礼物给领导了。

正好，国庆节很快就到了，李刚便鼓起勇气给好几个领导打了电话，但领导终归是领导，电话很难打通。好不容易有个人接了电话，而且还是部门经理老张，老张最近刚搬了新家。于是李刚便在电话里面说："张经理，你好，你好，节日愉快呀，我想去你的新家看看，你看什么时候有时间。"

谁知，没等他说完，张经理却在电话里支支吾吾地说："我马上要出去一趟，明天、后天大概都不会在家。"

李刚也不是不明白事理的人，知道张经理是在故意推辞他，这一下子弄得本来就拘谨的李刚大为失措，再也没有勇气给其他的领导打电话了。

人情往来中把礼送得好，方法得当，双方皆大欢喜，境界全出。送得不好，只能让人挡回，触了霉头，定会堵心数日。所以，只有巧妙地掌握送礼的技巧，才能为整个送礼过程上画一个漂亮的句号。

有一位朋友就是这样做的：一次，他与自己的一个大客户聊天，对方说："听说周华健的演唱会要在北京举行，一直没时间去买票。我很喜欢听他的歌，有机会的话，真想去看看。"可以说，说者无意，听者有心，这位朋友回去便托关系弄到了一张票送给他，令这位客户甚是惊喜万分。

虽然对方说这句话的时候，并没有期望别人去这样做，但如果你主动做到了这一点，就必定会在对方心里留下这样的印象：灵活、乖巧、善解人意。对方也会因此而记住你，或是感激你，当你需要帮助的时候，他们自然也会毫不犹豫地向你伸出手。

送礼，最头疼的事就是对方不愿接受，或严辞拒绝，抑或婉言推却，事后送回，这都会令送礼者十分尴尬，弄得钱已花却情未结，赔了夫人又折兵。

送礼作为一种文化现象，其实也有其约定俗成的规矩。比如送给谁，送什么，怎么送，这些都很有说法，千万不能小看，决不能随心所欲，盲目瞎送，所以，送礼品给什么样的人，这就是我们送礼前首先要考虑的问题。

一般来讲，送礼应因人而宜、因人而异。所以，我们在送礼前要掌握好以下几点：

——对家境比较穷的人，应以实惠为佳。

——对富有的人，应以精巧为佳。

——对恋人，应以具有纪念性为佳。

——对朋友，应以富有趣味性为佳。

——对老人，应以实用性为佳。

——对孩子，应以带有启智性为佳。

——对外宾，应以有特色为佳。

其次，就是送礼要选准时机，这才能有效地“防患于未然”，把礼一送一个准儿。一般来说，送礼的最佳时机主要应把握好以下几个方面：

——处心积虑，生日送礼送祝福。记住他人生日，待到过生日的当天或前一天，送上一份特别的礼物，这会使过生日者十分感动，往往可达到平时送礼无法达到的效果。

——天有不测风云，人有旦夕祸福，偶发事件送感动。某地区出现患情，而这一地区正有你的亲戚、朋友或熟人，不妨打个电话探问探问。得到关心的人就会有遇到真情的感觉，从而铭记于心。日后去求他，也一定会尽心尽力帮助。

——抓住时效，亲自探视，卧病在床送温馨。人活世上难免有不幸，所以这时人也最脆弱，而你适时探视、慰问，表示真心、关心和同情，必受对方爱戴。

——礼金礼品不能少，婚丧嫁娶送多少就有多少真情。结婚或生子，人人都想让亲朋好友知道，最想得到别人的祝福，及时送上礼金礼品也最得人心。家遇丧事，人心最低落，也最需要关怀，送上礼金礼品，留下尽心帮忙送行，能让主人铭记在心，日后有事自然好办。

常言道："礼不可乱送，药不可乱吃。"送礼送在一个"巧"字，抓住送礼的机会，既能表达真情实感，又能利于自己办事成功。

做任何事都有个恰当与不恰当的问题，送礼也不例外，要讲时机，不能乱送。只有在恰当的时候送恰当的礼，才能收到最好的效果。

方式19 求人办事不要强人所难

关键词：求人办事·禁忌·强人所难

适用情境：求人办事时，需学习运用此方式。

"世上没有无缘无故的爱，也没有无缘无故的恨"，求人办事也必须有所遵循，决不能因为别人欠了你的情，你就可以任意而为。

强人所难，就是求人办事的一大禁忌。所以，一个人在做事的过程中一定要考虑到对方的实际能力，看人家是否能办得到。如果你托人办事，人家诚心诚意向你表示他爱莫能助，就不能强求人家非给你办成不可。

假如人家能办到而不愿帮忙，也不能因人家不帮忙就给人难堪。人家不愿意帮忙肯定有不愿意的理由，就应该体谅人家，另想办法。如果人家有顾虑，就应给人家充分的考虑时间，千万不能因人家一时没有答应便意气用事，强人所难。

现实之中总有这样一类人，事事只从自己的利益出发，根本不在乎别人有什么困难，一旦自己有事求上门来，就要求人家非答应自己不可，不然，就会像人们说的"王八咬人不撒嘴"，非给他人闹出个好歹来不可。

有这样一件事。

冬子和大亮在一次聚会上认识，以后也并没有过多的来往。后来，冬子有个小加工厂因外欠款太多，他就找到了在县公安局工作的大亮，让他帮忙把款追回来。

大亮没有答应他，可冬子多次找大亮说你是公安你怕啥，要回后我给你30%的回扣。大亮说我是公安不假，可不能违法，债权债务是你们二人之间的事，我去有涉嫌之说，如果走法律程序，我可以帮你找律师。对此，冬子便开始胡搅蛮缠，并且多次到大亮的家中、办公室等地去找他，致使大亮不能正常工作和生活。

于是，推脱不开的大亮便以干扰自己正常工作和家庭生活为由，把冬子告上了法庭。这不正是因为强人所难，李冬才把自己变成了被告吗?

实际上像冬子这样的人并不少，在与人混了个脸熟后，他们就利用人们“不好意思”的弱点，以各种“死乞白赖”的招法，达到控制他人、利用他人的目的。而且，有些人甚至占了便宜还不满足，还要“给鼻子上脸”没完没了地与你纠缠，以获得更大的利益，这就实在太不像话了。

这种人一旦被人识破其“丑恶真面目”，便会为人所不齿，最终使自己的路越走越窄。

生活中这样的例子有很多。有一个人，由于自己老同学的亲戚在一个实权部门上班，于是这个人便上门找到同学家里，希望能通过他的亲戚为自己捞到一些油水。

老同学相见，不免要热情地叙叙旧，这个人便向老同学说出了自己的请求，虽然有些为难，但他提出来了，这位老同学不便立即推辞，只好答应了下来。可是，当他问过亲戚之后，人家说没法办。

于是，当这位老同学告诉他没法办时，他却立即拉下了脸，对老同学一阵挖苦:“你还能干什么? 这么一件小事你都不帮忙。”说罢便转身走人，弄得老同学心里很不是滋味。本来准备说完这件事后，还想说有另一个和自己关系不错的人说不定能办成这件事，但看到他是这种态度，自己也不敢再说这层关系了，恐怕再办不成，不知还会怎样对待自己。

这种意气用事的做法，就是不讲分寸，是托人借力时最大的忌讳。即使是再好的朋友也不能这样做，因为毕竟是有求于别人，只有心平气和、用商量的口气，才有望取得成功。强人所难、意气用事，吃亏的只能是自己。

生活中常常可以见到这种现象，有人因为工作关系，为了求得上司的支持，频繁地往领导家里跑，尤其是在下班以后，也不管人家愿意不愿意，在领导家一"泡"就是几个小时。他以为这样就能获得领导的好感，事情就好办很多。殊不知，这种行为不管有心无心都有"咬人不撒嘴"之嫌，会使人很不耐烦的。

孔子就说过："己所不欲，勿施于人。"强施于人，只会令自己和他人都不快乐。所以，孔子讲"忠恕"，就是指导人们不能只想到自己的利益，强人所难去办事，这样做的结果只能是人缘损失殆尽，成为孤家寡人。

第三章

恰到好处地控制情绪

遇事要冷静，不可感情用事

在各种情绪冲动下，我们极易干出后悔终生的傻事来。所以，在情绪不好的时候，首先想到的是平静，控制住自己的情绪，而不是匆忙决策。

每临大事有静气，是能够做成大事者的基本素质之一，越是重大的决策，越是要心平气和、头脑冷静、周密地分析各种因素，判断各方局势，做出认真负责、科学的决策。

方式20 不要带着成见去做事

关键词：控制情绪·感情用事·成见

适用情境：与人相处时，需学习运用此方式。

美国一位自由撰稿人曾因为主观臆断闹了个笑话。

一次他被派到华盛顿工作，约翰逊总统的助手带他参观白宫的椭圆形办公室。当时总统不在，他便恳求在总统的椅子上坐一会儿。他全身靠在镶皮的座椅上，双手搁在扶手上，看见椅子前面有4个按钮——红、蓝、绿、白各一。他心想，这些按钮一定是可以联络国防部、克里姆林宫、英国首相宫邸的，甚或可以触发毁灭人类的核武器。于是他写了一篇有关这4个按钮的紧张刺激的文章在报上发表了。事实如何呢？就在他的文章登出的那星期，《时代》杂志发表了一则简讯，报道了这4个按钮的用途：白色表示要牛奶；红色表示要咖啡；蓝色表示要汽水；绿色表示要清水。

我们不论看人、做事，都要有一种客观审度的态度。不要以点代面，错过了全面地、彻底地了解人或事物的机会。不被人慷慨激昂的大话或低声下气的甜言蜜语所迷惑，而从他一贯的做人原则和做事方法来察识他的心意。同样，不能因为一个人有行为道德上的缺失，就认定他百无一是，说什么话都是别有用心的。

对任何一件事，若是心里先存了成见，就是圣贤也可能犯错误，宋明理学的代表人物朱熹，就曾经错断了一桩案子，冤枉了好人。

朱熹在福建崇安做知县的时候，有个小民来告状，说有一块祖传的坟地，被县里一个大户无端侵占，安葬了自家的先人。朱熹精于风水，知道福建是极其重视此事的，常有豪门富室见有好风水吉地，就欺压小民，夺为己用。

公堂之上，两家却各执一词，争执不休。朱熹道："口说无凭，待我亲自去看个明白。"当下就带了一干人犯及随从人等，来到坟头。只见山明水秀，龙飞凤舞，果然是一个好风水极佳的地方。朱熹心里想："如此吉地，难怪有人争夺。"暗自掂量，必是小民先人葬着，大户看着好，就起了贪心。

此时，大户先禀道："这是小人家里新造的坟，泥土工程，一应都是新的，怎么说是他家旧坟？大人一看，便自然明白。"小民道："上面新工程是他家的，底下却有老土。这原是我家里的，他强占了刚起的新坟。"朱熹叫取锄头铁锹，在坟前挖开来看。挖到松泥将尽之处，"当"地一声响，把个挖泥的人震得手疼。拨开浮泥看去，乃是一块青石头，上面依稀有字，刻的本是小民家里祖先的名字。

到这里事情似乎已经真相大白了，朱熹起身回县衙，把坟断归小民，把大户问了个强占田土之罪。小民口称"青天"，拜谢而去。

朱熹断了此事，心想："此等锄强扶弱的事，不是我，谁人肯做？"他深为得意，岂知反中了奸民之计！原来小民诡诈，把朱熹的脾气摸透了。他看那家大户坟地的风水好，于是定下一计，把青石刻了字，偷埋在他家坟前，然后再告此一状。把地下先做成的圈套当众亮出来，朱熹岂能不信？何况从来只有大户占小民的，哪曾见有小民谋大户的？所以晦翁一挥笔就下了定论。

那大户受冤，心里不服，到上边监司处再递了状子，仍发崇安县审问。朱熹更加恼怒，一发狠，便勒令大户迁出棺柩，把地给小民安葬祖先。如此一来，惹来外面许多知情者的非议，也有风吹到朱熹耳朵内。他反认为这是大户力量大，人们都趋炎附势所致，慨然叹息道："看此世界，直道终不可行！"遂弃官不做，隐居本地武夷山中。

这本是件不折不扣的冤案，在此案中，若说朱熹有意，他并没收受贿赂，偏袒一方；若说他无意，可他心里却先有了一定之规，犯了主观主义的错误。为富的定然不仁，有色的必然无德，这种道学，不是人生的实际学问。人不可无正直之心，但是世事是复杂的，在全面地了解一个人或一件事之前，先不要急着下结论。

有这样一个故事，来自一位外国朋友的亲身经历：

我年轻时自以为了不起。那时我打算写本书，为了在书中加进点"地方色彩”，就利用假期出去寻找。我要去那些穷困潦倒、懒懒散散混日子的人们当中找一个主人公，我相信在那儿可以找到这种人。

一点不差，有一天我找到了这么个地方，那儿到处都是荒凉破落的庄园、衣衫褴褛的男人和面色憔悴的女人。最令人激动的是，我想象中的那种懒惰混日子的景象也找到了：一个满脸胡须的老人，穿着一件褐色的工作服，坐在一把椅子上为一小块马铃薯地锄草，在他的身后是一间没有油漆的小木棚。

我转身回家，恨不得立刻就坐在打字机前。而当我绕过木棚在泥泞的路上拐弯时，又从另一个角度朝老人望了一眼，这时我突然停住了脚步。原来，从这一边看过去，我发现老人的椅边靠着一副残疾人的拐杖，有一条裤腿空荡荡地直垂到地面上。顿时，那位刚才我还认为是好吃懒做混日子的人物，一下变成为一个百折不挠的英雄形象了。

从那以后，我再也不敢对一个只见过一面或聊上几句的人，轻易下判断和做结论了。感谢上帝让我回头又看了一眼。

心怀偏见是人际冲突常见的原因，如果我们对别人多一些了解，人世间就会多一些宽容与友好。

如果说道听途说的不可靠，我们大家一般不会有什么异议，那么，亲眼所见的就一定不会有偏差吗？若只是心浮气躁、走马观花地看一眼，就难免被成见所误，不能客观地评论人或事物。

方式21 不要被直观感觉所误导

关键词：感情用事·控制情绪·冷静

适用情境：遇事不加分析、喜欢凭直觉做出决定者需学习运用此方式。

在生活中，有些人常常会有这样的言论：干这一行挣钱最快；他是个新手，没人帮肯定摔跟头；这个项目前景不好，无论付出多大努力都不会成功；已有人靠这个发家，再不跟上就晚了，如此等等。他们的说法有严密的理论支持吗？没有。那么经过事实的检验了吗？也没有。之所以这么说，凭的只是一种直觉。

我们认识事物，总有一定的思维框架，这来自外界的影响和对以前经验的参照。它们是有用的，但是，又可能使我们用它来对照复杂的对象时，陷入想当然的错误。所以，当你在做一项决定之前，一定要注意这与现实是否合拍。

20世纪90年代，"要练字，找席殊"的广告语声名远播，"席殊"成了习字产业的第一品牌。就在席殊的书法函授班办得火热之际，席殊发现，随着电脑的不断普及，习字事业再往前拓展的空间已经很小了，学习书法的人开始逐渐减少，在低谷期到来之前，他要赶快寻找下一个发展目标。于是，席殊匆忙决定投资酱油厂。

"习字大王"席殊居然做起了酱油生意，并且立志要将酱油卖到大江南北，真是让人匪夷所思。但席殊却固执地认为，酱油是老百姓天天都需要的东西，做起来会有很大的赚头。而且，那个时候全国酱油中还没有一个有影响力的品牌。他觉得，"席殊"在习字领域是第一品牌了，他知道如何操作有杀伤力的广告，他要把"席殊"这个品牌延伸到其他行业中去。

可是，席殊并不清楚"酱油的内幕"，等到染指酱缸，就像掉进了无底深渊，为了挽回败局，他只好不停地往里投钱，直到500万元投入了这个大酱缸，也仍不见起色。在实验室里做出的酱油样品，颜色好，味道好，还评上了几次国家金奖。但一投入大批量生产，就完全是两回事了，无论怎么折腾，就是折腾不出预想中的酱油来。最后只好惨淡收场。

席殊的思路并没有问题，酱油是中国人一日不可或缺的消费品，市场空间巨大，发展前景广阔，关键是在既没有技术优势又不清楚行业内幕的情况下，光凭一腔热情能不能就把事办成。当大家都不遗余力地鼓吹创新和尝试的时候，不知谁能为没经过严密论证的创新负责。

营销学中有个经典的卖鞋故事，对此，很多人以偏概全，误导读者，应引起我们的深思。

故事的大意是：鞋厂的两个营销人员到非洲一个原始部落去推销，发现那里的人都不穿鞋子。一个人很沮丧，说这怎能把鞋子卖出去呢？另一个却很高兴，说正好可以把鞋子卖给他们。

绝大多数的营销书都表达这样一个观点：第二个营销人员才是好样的，眼光独特，能看到事情的光明面，把不可能经营成可能。

现实真的如此吗？大多数人虽然不很聪明，但也不会很愚蠢。大家都不做，自然有其中的道理。所以，切不要以为“世人皆醉我独醒”，只有自己聪明，独具慧眼，能创新，能发现新大陆。你发现的东西，也许人家早发现了，只是证明不行才放弃了。

对待新领域、新行业，正确的做法应该是，在没有搞清楚之前，既不要否定，也不要肯定。不能说大家都没做就肯定不行，也不能说大家都没做，是正好给我留着呢，只等着我去做。经过了广泛的、详尽的调查之后再做决定，才是正确的态度。

美国肯德基炸鸡早已为国人所熟悉，但对它是如何打入中国市场的，知道的人却不多。肯德基打入中国市场的一个重要经验，就是在广泛收集信息的基础上进行科学的预测。

起初，肯德基公司派一位执行董事来中国考察市场。他来到北京街头，看到川流不息的人流，穿着都不怎么讲究，就报告说，炸鸡在中国有消费者，但无大利可图，因为中国消费水平低，想吃的人多，但掏钱买的人少。由于他没有进一步进行相关信息的收集整理，仅凭直观感觉、经验做出预测，被总公司以不称职为由降职处分。接着公司又派了另一位执行董事来考察。这位先生在北京的几个街道上用秒表测出行人流量，然后请500位不同年龄、职业的人品尝炸鸡的样品，并详细询问他们对炸鸡的味道、价格、店堂设计等方面的意见。不仅如此，他还对北京的鸡源、油、面、盐、菜及北京的鸡饲料行业进行了详细的调查。经过总体分析，得出结论：肯德基打入北京市场，每只鸡虽然是微利，但消费群巨大，仍能赢大利。果然，北京的第一家肯德基店开张不到300天，就赢利高达250多万元。

有时候，对事情的直观印象，和事物的真实面目总有一定的差距，我们一定要克服急功近利的思想，把事先的准备工作落到实处。为了少犯错误，要注意对情况进行反复分析，并尽量收集新的资料加以检验，时时提醒自己，不可以轻率地下任何结论。

人活着肯定要犯错误，但是那种被直观感觉误导了的错误应该尽量避免。

方式22 让心情平静下来，遇事三思而后行

关键词：激动·愤怒·控制情绪

适用情境：当情绪比较激动时，需学习运用此方式。

清人傅山说过：愤怒达到沸腾时，就很难克制住，除非“天下大勇者”，否则便不能做到。如果你想和对方一样发怒，你就应想想这种爆发会有什么后果。如果发怒必定会损害你的利益，那么你就应该约束自己、控制自己，无论这种自制是如何吃力。

在一个雨天，一名学生匆匆地来到集纳教授的办公室，告诉教授说有一位同学出言不逊，当众侮辱自己，他不知道是该直接找那个学生论个明白，还是应该找对方的教授评理。集纳教授听后说道：“你看，我大衣上的泥巴，就是今早过马路时溅上的。如果我当时立即抹去，一定会搞得一团糟。所以我把大衣挂到一边，专心干别的事，等泥巴晾干了再处理它，就非常容易了。瞧，轻轻掸几下就没事了。”

学生听了，不太明白。集纳解释说：“批评和侮辱，跟泥巴没什么两样。我年轻时不善于控制情绪，经受不住别人的批评和侮辱。慢慢地我发现，最好的办法就是先把让我恼火的事搁在一边，晾一会儿。等我冷静下来后，再去对付它们。如果你现在就去质问他，你会更生气，矛盾会更严重。我建议等你情绪的水分较多蒸发掉了，再来想这件事。不过晾干水分后，你也许发现那泥点也淡得找不到了！”

台湾著名的专栏作家吴淡如，有一天，她看电视时，看到一位记者在以夸张的语气谈论她。说她虐待出版社编辑，在编辑"大腹便便"时还要她到家里来监督装潢工程，还说她所有的书都是背后有个"影子兵团"在代笔，并非她亲笔所写……

吴淡如听到这里简直气炸了，这种愤怒像台风天气的潮水一样，一波一波地在撞激着她的心，她很想马上打个电话给记者说清楚讲明白。但是念头一转，她又暂时忍住了，因为她的心里有个声音告诉她：且慢发火。她知道有句话叫"杀敌一千，自损八百"，如自己怒气冲冲地直接回击，除了让自己泄恨之外，并不能解决问题。

于是她决定忍几天，等下次有机会碰到那位记者时再说清楚。几天后，当她遇到那位记者时，记者向她道歉说："对不起，那是很久以前录的节目，那时候我并不认识你，误听了谣言……我不知道他们会回放，也一直以为你老早就知道了，但你却宽宏大量，并不在意……"

吴淡如听了记者的话后，庆幸自己当时没有发火，否则的话，就可能失去一位朋友了。由此可见，我们若想发火时，不防先忍耐一下，让这些情绪冷却下来，这时你可能就会发现，有些事根本就不值得去发火。

如果被某件事惹得气愤异常、情绪激动时，我们可以把它冷却一下，有人说"小怒数到十，大怒数到千"，这就是冷冻脾气的一种小技巧。

相反，如果你不懂得如何控制自己的情绪，在怒火的支配下，很可能做出让自己后悔莫及的蠢事来。

在法国发生了这样一则故事：

阿兰·马尔蒂是法国西南小城塔布的一名警察。这天晚上他身着便装来到市中心的一间烟草店门前，他准备到店里买包香烟。这时店门外一个叫埃里克的流浪汉向他讨烟抽，马尔蒂说他正要去买烟。埃里克认为马尔蒂买了烟后会给他一支。当马尔蒂出来时，喝了不少酒的流浪汉缠着他要烟，马尔蒂不给，于是两人发生了口角。随着互相谩骂和嘲讽的升级，两人情绪逐渐激动。马尔蒂掏出了警官证和手铐，说："如果你不放老实点，我就给你一些颜色看。"埃里克反唇相讥:“你这个混蛋警察,看你能把我怎么样?”在言语的刺激下,两人扭打成一团。旁边的人赶紧将两人分开,劝他们不要为一支香烟而发那么大火。被劝开后的流浪汉骂骂咧咧地向附近一条小路走去,他边走边喊:“臭警察,有本事你来抓我呀!”失去理智、愤怒不已的马尔蒂拔出枪,冲过去,朝埃里克连开4枪,埃里克倒在了血泊中……

法庭以“故意杀人罪”对马尔蒂做出判决,他将服刑30年。一个人坐了牢,起因是一支香烟,而罪魁就是失控的激动情绪。

生活中我们常见到当事人因不能克制自己,而引发争吵、骂人、打架,甚至流血冲突的情况。有时仅仅是因为你踩了我的脚,或一句话说得不当。坐地铁时争抢座位,在公交车上挨了一下挤,都可能成为引爆一场口舌大战或拳脚演练的导火索。而这些矛盾,却不是不能平和地解决的。我们可以让自己的心情平静下来,好好地思索一番:人与人之间经常会产生矛盾,有的是因为认识的水平不同;有的是因为对对方不了解;有的是原本有某些偏见和误解。如果你有较大的度量,以谅解的态度对待别人,忍住最容易爆发的激动情绪,这样你就可能赢得时间,矛盾也可能得到缓和。

有这种见识的人,当再受到别人一时的误解或伤害时,大都能一笑而过,不让无端的怒火烧伤别人,折磨自己。

做事要讲方法、讲辨识、讲分寸、讲策略,尽管世界千变万化,但只要人性不变,做事就有脉络可寻。要领会做事的重要规则和方法,提升做事的水平和效率,在做事中提升自己的能力,为自己创造左右逢源的环境,从而成就事业、成就人生。

方式23 束手无策时也要保持镇定从容

关键词：情绪控制·束手无策·镇定从容

适用情境：遇到困难或变故而束手无策时，需运用此方式。

为什么在很多机构中，常见到一些看起来能力平平、业绩也不出众的员工却占据着重要的职位，其原因就是老板对重要职位的职员并不只是考虑他的才能，而是更多地考虑到头脑的清晰和判断力的准确把握。

在失败和危急关头，保持冷静是很重要的。成大事者能临危不乱，沉着冷静，理智地应对危局。

克里是一位退伍老兵，他曾讲述了他生命中一次惊险的经历："第二次大战期间，我一直独自飞行。头一次任务是轰炸、扫射东京湾。从航空母舰起飞后，一直保持高空飞行，然后再以俯冲的姿态滑落至目的地300英尺上空执行任务。

"然而，正当我以雷霆万钧的姿态俯冲时，飞机左翼被敌军击中，顿时翻转过来，并急速下坠。

"我发现海洋竟然在我的头顶。你知道是什么东西救我一命的吗?

"我接受训练的期间，教官曾一再叮咛说，在紧急状况中要沉着应付，切勿轻举妄动。飞机下坠时，我就只记得这么一句话，因此，我什么机器都没有乱动，我只是静静地思考，静静地等候把飞机拉起来的最佳时机和位置。最后，我果然幸运地脱险。假如我当时顺着本能的求生反应，未待时机就胡乱操作，必定会使飞机更快下坠而葬身大海。"

这位空军飞行员再次强调说："一直到现在，我还记得教官那句话：'不要轻举妄动而自乱脚步；要冷静地判断，抓住最佳的反应时机'。"

在现代生活中，能做到沉静不是件容易的事。但我们依然欣赏稳重的办事风格，这种人爱整洁，做事利落有条理，值得信任。特别是如果有一定的规则可以遵守时间，他们做起事来特别精准，当然更不用说多有效率了。

相反，浮躁的人却总是拖拖拉拉，毫无主见，无论任何事都少有计划，完全凭着一股冲劲儿在前行，当你不依靠事先的谋划，而是依靠临时的冲劲儿时，等待你的是什么呢？答案是失败，是毁灭。

在任何情形之下，我们都要保持一个冷静的头脑，即使一时束手无策也要保持镇定从容，只有遇到意外情况仍然镇定从容的人，才能担当大事。

方式24 做自己情绪的主人

关键词：情绪·忍耐力·理智

适用情境：遇到突发事件或比较棘手的事情时，需运用此方式。

情绪是人的思考与行动的伴生物，事情做得顺利，智慧迭出，情绪就好。看天，天是蓝的；看花，花是好看的；看人，人是精神的。事情还没做完甚至于还没开始着手做，障碍一个接着一个，头脑转不了弯儿，情绪上就受影响了，看什么，什么不顺眼，尽管它们和你高兴时所看到的一模一样。

如果情绪仅仅是思考与行动的终极或“排泄物”——如果事情做砸了，痛哭一场，那也罢了，糟糕的是，情绪会改变你原来的思维方式，并自然而然地对你以后要做的事产生影响。

寺庙里，老和尚正给小和尚讲经说法。

老和尚说，心中怒火烧毁的往往是自己的心，所以要制怒。“退一步海阔天空！”老和尚讲。

老和尚的佛理刚刚讲完，小和尚便虔诚地向老和尚请教：“师父，刚才你最后一句说了什么？”

“退一步海阔天空。”老和尚说。

“退一步之后是什么？”

“海阔天空。”

“哦！退一步海阔天空。”小和尚小声念道，忽然又问：“师父，海阔天空前面是什么？”

“是退一步。”

“退一步前面是什么？”

“退一步前面已没有了。”老和尚说。

“哦，退一步后面是什么呢？”

“海阔天空。”

“那海阔天空前面是什么呢？”小和尚不停地问。

“混账！你这哪里是讨教，分明是在胡闹！”老和尚气不打一处来。

人人都有不易控制自己情绪的弱点，但人并非注定要成为他情绪的奴隶或喜怒无常的心情的牺牲品。学会怎样消除破坏我们舒适、幸福的生活和阻碍我们成功的情绪敌人，是一门最精深的艺术。

我们应当尽力抹掉头脑里一切令人讨厌的、不健康的情绪。每天清晨起来，我们都应该是一个全新的人。我们应当从我们的思想长廊里抹去一切混乱的印象，取而代之的是和谐、使人振奋、清心怡神的东西。

1992 年，美国总统候选人克林顿面临的对手是老布什。从外部形象看，年仅 46 岁的高大、英俊的克林顿当然比年纪老迈的老布什占有很大的优势，但老布什是一个很难对付的对手，是一个老牌政客，在从政经验的丰富与外交成就的显赫这两个方面，克林顿无法同他相比。虽然如此，克林顿在电视辩论中并没有表现出咄咄逼人的架势，不进行人身攻击，而是要在广大观众面前展示出一个沉着稳重、从容大度的形象。在 1992 年 10 月 15 日第二次电视辩论中，辩论现场只设一个主持人，候选人前面都没有讲桌，只有一张高椅子可坐，克林顿为了表示他对广大电视观众的尊敬，一直没有坐，并且在辩论中减少了对老布什的攻击，把重点放在自己任阿肯色州州长 12 年间所取得的政绩上。克林顿的这种彬彬有礼的做法，立即赢得了广大电视观众的好感。

最后一次电视辩论中，克林顿英俊潇洒的姿态、敏捷的论辩与幽默机智的谈吐使他出尽风头。他对老布什的责难不屑一顾，而是得体地对广大观众说："我既尊敬布什先生在白宫期间的为国操劳，又希望选民能鼓起勇气，敢于接受更佳人选。"话音刚落，掌声雷动。不久，克林顿成功当选美国总统。

人们对社会精英是极为挑剔的，竞争对手随时盯住你的行为，抓住一点失误就会伺机掀起轩然大波，这就要求你格外谨慎、细致和小心。在特定的场合与特定的环境下，说话要慎重点儿。试想，如果克林顿听到老布什的责难生气、发怒，那就会授人以柄，弄得自己难以下台。

如果你觉得担忧、发愁或焦急时，如果你不自然地紧张或与自己过不去时，如果你处在心理低谷的时候，你不妨暂停一会儿，在心里告诉自己说："这并非一种睿智聪明、思维敏锐之人所过的生活啊，这并非一个完整的人的生活啊！这只不过是一个从未享受过生活乐趣的无知者的生存方式啊！"这样想过之后，相信你的情绪会逐渐平静下来。

一个人要有忍耐力，还要能适时地控制好自己的情绪，尽可能不让消极、对事物有害的情绪爆发出来，做到胜不骄、败不馁，不把喜怒哀乐写在脸上。

方式25 临危不惧，遇事不慌

关键词：情绪控制·自我克制·理智

适用情境：遭遇挫折、遭受痛苦、面临危险时，需运用此方式。

情绪与人的思考紧密相关。平时我们会注意到，有些人生活在快乐中，也有一些人生活在痛苦中，这种快乐和痛苦就是我们所说的情绪。富有理智的人基本上都可以主宰自己的性情，驾驭自己的心灵。有一种人善于调适自己的情绪，总能够走出愤怒，消解苦闷，如同化学反应中的酸碱中和。

我们的愤怒和苦闷是个奇怪的东西。对于懂得调适自己情绪的人而言，它们可以渐渐地淡下去，直到无影无踪；对于不懂得调适自己情绪的人而言，越控制它们，它们就越像一匹未驯的野马。所谓的酸碱中和反应，即是懂得调适自己情绪的人的调适结果；所谓未驯的野马，即是操作化学反应有误，酸碱搭配不当或者错溶解了什么别的液体，结果是愈发加剧酸的酸性或碱的碱性。

韩信有一天在路上走，一伙年轻人拦住了他，其中有一个屠夫说："嗨，别看你长得又高又大的样子，喜欢佩刀带剑的，其实我看哪，你是个胆小鬼，你只是用刀剑什么的给自己壮胆，想吓唬一下别人。"大家听了，都哈哈大笑起来。那屠夫又当着大伙的面，对韩信说："你要是真不怕死的话，就拿起你的剑，咱们来比试一下；但要是你不敢的话那就对不起啦，从我的裤裆底下爬过去！"

韩信瞧了他一眼，只见屠夫一脸横肉，身体满结实的，但看起来是笨家伙，自己凭着练了那么久的剑法完全可以靠灵巧取胜，他真想扬剑刺过去。但是，他又想自己凭意气行事，万一激动起来把他刺死或重伤了怎么办？况且，退一步讲，他们人多势众，好汉不吃眼前亏，只有出下策了。

想到这里，韩信慢慢地弯下腰去，趴在地上，缓缓地从那屠夫的裤裆底下爬了过去。年轻人又是一阵大笑，扬长而去。周围还有好多人，他们都讥笑韩信，认为他实在太胆小、太没用了。

不久，项羽起兵，刘邦也起兵。韩信投奔了刘邦，因为英勇善战，很快做了大将军，并且留下了"韩信将兵，多多益善"的美誉。后来，刘邦打败了项羽，韩信被封为楚王，韩信就派人把那个叫自己从胯下爬过去的屠夫找来，让他做了一个中尉。他对旁人说："他算得上是个好汉，要不是他考验了我的意志，我哪里有今天的功业和地位呢？"他又转过来对那年轻屠夫说："你以为我当时没力量杀你吗？不对，我完全可以把你杀了，但我觉得杀一个跟我一样的人，没有道理，也没有意思。"

从别人胯下钻过去，这是需要多么大的自我克制力；日后有能力报复而不报复，这是多么宽广的胸怀。韩信是历史名将，他不只是拥有健壮的身体，还有一颗理性的头脑，能够控制情绪，忍他人之所不能忍。因为他知道，报复是一件可怕的事，表面上看来似乎快意恩仇，但是报复是一柄双刃剑，它在将剑刺进对方身体的同时，也伤害了自己。

在生活中有更多的人也许没有过激的言行，但是，却会在内心深处埋藏着对曾经伤害过自己的人的仇恨，虽然由于自制力没有酿成大祸，但那份埋藏的仇恨却像一匹小兽撕咬着他的心，很苦也很累。仇恨不是唯一解决问题的方式，有时候，我们不妨换一种角度来思考问题。

从前，有个农夫叫张大胆，仗着自己会点武术，有些力气，就经常和妻子两人骑着驴外出。有一次他们走到荒郊野外，周围都是树林，忽然从草木丛里跳出五六个强盗，一下子把张大胆杀死了。他的妻子看到这种情况，强忍悲愤，努力装出不惊慌的样子，灵机一动，大声喊道："真痛快呀！今天你们把我的耻辱洗刷了。我本是良家女子，可遭到这个人的抢掠，整天挨打受骂，今天又被他抓来这里想杀死我，现在他总算死了，谢谢各位大哥给俺报了仇。"强盗们相信了她所说的，甚至有点同情她了，就没有杀她，带上她以及行李、两头驴子走了。走到半路，她借口"方便"一下便摆脱了强盗，去告了官，这五六个强盗全被抓起来了。

临危不惧，说说容易，做到却很难。如果张大胆的妻子当时惊慌失措，肯定也会被杀掉。她强忍悲痛，编造"谎言"，才救了自己，抓了强盗。

临危不惧，遇事不慌，这是情绪的一种自我克制，它是一个成功者必不可少的信条。在日常生活中，每个人都体察到自己的思想与行为，无时无刻不受到外界环境的制约。所以，成功者往往能找到更重要的解决方法，以此卧薪尝胆，等待反败为胜的机会。

自我克制表现在以下三个方面。

第一，自识

自识即对自我的认识。这种认识是多方面的，包括生理机制、心理素质、智能特点、行为特点，等等。但从个人修养角度来说，则主要在于个体应客观地、全面地、正确地认识和评价自己，这就是所谓的"自知之明"。不能自识、自知，就无从自我克制，行动中就会因盲动而遭致失败。只有首先自识，才能自觉按客观规律严于律己，在行动中获得成功。

第二，自省

自省即自我反省、自我监督、自我检点，它是在自识前提下进行的。通过自省，发现自己思想深处存在的种种问题，及时加以纠正和克服。孔子的学生曾参说："吾日三省吾身。"唐代著名文学家韩愈也说："早夜以思，去其不如舜者，就其如舜者。"可见古人早就对自省高度重视。

第三，自责

自责即自我责备、自我解剖、自我批评，它是自我的进一步发展与深化，也是自省的结果付诸表面行动的过程。自我批评历来是成就大业者自我教育和自我改造、开诚布公承认错误和公开改正自己错误的最好武器。凡是在修养上卓有成效者，都是严于自我解剖、勇于自我批评的人。

学会自我控制是我们拥有良好情绪的要诀。我们平时所遇到的事情或大或小，或间接或直接，其中涉及原则的事本没有多少，在一些无关痛痒的小事上大可不必与人斤斤计较，特别是感情用事。我们遭遇挫折、遭受痛苦、面临危险，这时我们的情绪控制力就决定了我们对待它们的方式和态度，也决定了事情最终的结果。关键时刻控制自我情绪，最后你将会站在成功的舞台上傲视曾经给你带来伤害的一切。

方式26 不要以激动去应对激动

关键词：情绪控制·激动·冷静

适用情境：当遇到别人情绪激动时，需运用此方式。

在生活或工作中，我们每个人几乎都遇到过这样的情形，就是自己在情绪激动的时候，总是下意识地想借发怒来发泄感情。因此，很多人提倡在情绪激动时不要处理问题。

人在情绪激动时，思维模式已不符合正常的逻辑，思考问题容易产生偏激，这时下结论也最容易出差错。结果，想不出好的办法，问题处理得更糟糕。自己是这样，别人也是这样。所以，在你面对一个情绪激动的人时，最简单的方法就是，不要让自己被对方的情绪所感染，而采取从容不迫的态度让对方暂时平静下来，这样等对方心平气和了再作分析处理，就会容易得多了。

打个比方，你是一个商人，若接到顾客的投诉时，该怎么办呢？首先必须站在顾客的立场上，冷静且耐心地倾听，一直等对方把要说的说完。曾有一位训练有素的推销员就说过："处理顾客投诉，推销员要用80%的时间来听话，用20%的时间说话。"

任何一个顾客来投诉，无论开始脾气有多大，只要你耐心地倾听，鼓励他把心里的不满都发泄出来，那么，他的脾气就会越来越小，就像一个被扎了个洞的皮球一样，慢慢地放完了"气"，他就会恢复理智了。这时，你再正确地着手处理面前的问题就好办了。而且，那些因情绪激动而失礼的顾客，在冷静下来以后往往会在听了你的解释之后都会有些后悔，所以这时再处理事情总比我们迎头批评他们要有效得多。

不论在什么情况下，与自己的竞争对手发生正面冲突，永远是最愚蠢的做法，不仅会招致对方对自己的看低，更会给自己带来不必要的负面评价。以针尖对麦芒之势对待情绪激动的对手，也许能让你出一时之气，但你们的争执常常会变成一场闹剧。而且，这时你的形象也不会被描述得很完美。

别以为与竞争对手的争辩是在显示你的伶牙俐齿，尤其是为了个人利益而大动肝火，只会让人觉得你原来也是如此重视自己的得失。比如，一个人刚和某个同事吵过架，谁也不会怀疑什么，可如果这个人和所有的同事都吵过架，那不能不说明他有问题。也许天生敏感，也许性格有缺陷，也许没有也许有，但这也许会引起所有同事的不满，以致被孤立。

事实证明，许多人都常常后悔自己在盛怒之下的所作所为。因此选准时机、运用以退为进的方法才是真正的取胜之道。

比如，一些做演讲的人，他们上台演讲和表演时，都是从容不迫的。他们首先以慢条斯理的动作上台，然后环视听众，最后才从容开口。把从上台到开讲这段时间拖得很长，这时的听众就会处于迫不及待想听的状态。于是，他们紧紧抓住听众的这一心理，故意慢慢开口。这样一来，听众对他所说的每一句话就都不会轻易放过了。

无论在什么时候，当你遇到对方情绪激动的时候，这种方法都是十分有效的。例如，一些家里失了火或自己财物被盗了的人，在他们拨打电话到 119 或 110 时，那些消防人员或警方人员都总是用一种从容不迫的口气来应对，这就是由于他们都受过专业训练的缘故。

对于每一个人来说，通报某个犯罪事实或火灾险情时往往会因为紧张冲动而词不达意，但是当负责接听的人用一种从容镇定的口气来应对时，通报的人就会自然而然地冷静下来。有些通报者起初会认为情况这么紧急，而对方竟然还这么悠哉，极为生气，但是在通话过程中，由于对方从容不迫的态度，反而使自己逐渐地冷静下来，所以意识也会从混乱变得比较清楚，进而做出比较准确的报告。

相反，假设接听人的口气也像通报的人那样激动，那将会是什么样的结果呢？“什么！失火了?！在哪里？好好好，我马上就去！电话号码吗？不不，你把地址告诉我！”可以想象，如果用这样的口气通话，那么很可能通报者就会更加紧张，以致于连话都有点说不出来了。

当遇到别人情绪激动时，最要紧的就是先安抚他们。要知道，这时我们即使很有理，说出的话很正确，对方也是听不进的，所以，我们所要做的就是先使对方安静下来，然后再把道理一点一点地讲给他听，这样他们就会一步步地走入我们事先设好的圈套了。进而，我们便可以主动出击了。

因此，无论你面对的对手是光明还是阴险，你慢条斯理的语言和态度都会使对方有一种泄气的心理感觉，只要对方一平静下来，那么我们就可以更加从容地处理问题了。

方式 27 不要把喜怒哀乐挂在自己的脸上

关键词:情绪控制·愤怒情绪·自我克制

适用情境:遇事难以控制自己的情绪时,需学习运用此方式。

生活中每个人都会因事情的不顺心而发怒,有的时候还会怒气冲天。

虽然发怒是一个人正常情绪的流露,但是如果经常发怒,不仅会给自己带来身心上的疾病,而且会伤害到周围的人,暴露自己的弱点。

一般说来,愤怒情绪的发展有几个阶段。刚开始的时候,只是脸部表情上的不愉快、气恼或者低声嘀咕;如果情绪激动的话,愤怒就会加剧,继而浑身发颤、双手抖动,甚至还会失去自控、大怒乃至暴怒,最后还会变成丧失理智的狂怒。

富兰克林说得好,愤怒是"起于愚昧,终于悔恨"。怒气的产生,正是来源于一个人对外部世界的认识、解释和评价,也跟一个人的性格也有一定的关系。面对同样的一件事情,有些人非常坦然,有些人却气得脸红脖子粗。

人非草木,孰能无情,任何事物都会在人的心底引起一定的情感反应,当外界事物强烈地影响人的情感时,人的反应就会越来越强烈,最后达到极限,便会以发怒的形式发泄出来。

发怒很容易坏事。古代兵书中就有激将法,设法让对方发怒。暴跳如雷的怒者,很容易丧失理智而干出蠢事。《三国演义》上的张飞、关羽、周瑜几乎都是死在一个"怒"字上。当然,现实生活中因怒而坏事的例子也并非少见。

假如你是一位谈判人员,那么你就应该注意了。在这个时候,对方会做出很多令你感觉要发怒的事情,其本意就是故意激怒你,以此来观察你的反应。你越压抑自己,他们越会变本加厉,最后你的心理压力会越来越重,自己把自己压垮了,他们就有可乘之机提出苛刻条件,迫使你同意。

假如你是一个善于控制自己情绪的人,喜怒哀乐从不表露在脸上,遇到突发事件也能镇定自如，即使是让人难以接受的坏事情，也不会怒目圆睁，怒不可遏、暴跳如雷的现象更不会在你身上表现出来。这方面的修养，也往往让你能从中受益很多，因为你在温和有礼、不急不躁中保持了自己的风度。这样，他们就知道你是一个很能看得开、很有智慧和气度的人，所以这些智慧和气度也是他们最难以攻克的。

所以，此时你所要做的就是，不论谈判对手表现如何，温和还是强硬，有礼还是粗俗，你都应始终保持着自己的君子之风。如果你能够了解到愤怒情绪是逐步发展的，就可以测定愤怒时的状况，以便及时地把怒气消灭在萌芽状态，相反，越是升级就越难以控制。

人总有生气发怒的时候，这种不满情绪若堆积在心中，就会对自己的身心造成伤害，而反击回去或发泄给别人更不是上策，所以我们应学会控制自己的情绪，避免发怒、生气的情形出现。

对此，我们首先所应训练的就是自己面对任何事都要泰然处之、从容不迫，无论遇到什么样的对手，我们都要学会运用利导思维，保持乐观开放的心态。

美国心理学家霍特就举过这样一个例子：

有一天，友人弗雷德感到意气消沉。他通常应付情绪低落的办法是避不见人，直到这种心情消散为止。但这天他要和上司举行重要会议，所以决定装出一副快乐的表情。他在会议上笑容可掬，谈笑风生，装成心情愉快而又和蔼可亲的样子。令他惊奇的是，不久他发现自己果真不再抑郁不振了。

弗雷德并不知道，他无意中采用了心理学研究方面的一项重要新原理：装着有某种心情，往往能帮助他们真的获得这种感受——在困境中有自信心，在不如意时较为快乐。

而且，心理学家艾克曼的最新实验也表明，一个人老是想象自己进入某种情境，感受某种情绪，结果这种情绪十之八九真会到来。一个故意装作愤怒的实验者，由于角色的影响，他的心率和体温会上升。

因此，这项心理研究的这个新发现，恰恰可以帮助我们有效地摆脱坏心情，其办法就是“心临美境”。也就是说，在你受到令人发怒的刺激时，你的大脑就会产生一个强烈的兴奋灶，这时如果你能主动地在大脑皮层里建立另一个“兴奋灶”，用它去抵抗或削弱愤怒，那么这样就可以使怒气平息了。

还有，暂时离开引发情绪的环境和有关的人或物，或者发现自己将要发怒、焦虑或想大发雷霆时，喝上一杯水或是握着自己的双手，然后露出微笑。这种简易的方法都可以帮助你控制住情感，从而有效地避免发怒。

正所谓：“有容乃大。”当你能够容忍人们所做的一切时，他们也就无计可施了，如果他们还是得寸进尺，那么失利的很可能就是他们了。

方式28 别人犯错时，不要去急躁地责备

关键词：情绪控制·犯错·急躁

适用情境：当别人犯错误时，需运用此方式。

当别人犯错误时，我们自然会去责备他们，发泄我们心中的不满。

但是，你是否仔细想过，当你责备别人的时候他很难接受，他会产生严重的抵触情绪，你的责备根本不能解决问题，只能在你们之间结下怨恨，让事情变得更糟。

在一家五星级酒店里，一位顾客大声喊着：“小姐，你过来！过来！”当那位服务员面带微笑地走过来时，那位顾客指着面前的杯子，冷若冰霜地说：“看看，你们的牛奶坏了，把我的一杯红茶都糟蹋了！”

“真对不起，”服务员忙赔不是，“我马上给您换一杯。”新的红茶很快就准备好了，碟子旁边仍然跟前一杯一样放着新鲜的柠檬和牛奶。

服务员轻轻地把它们放在刚才那位顾客的面前，然后又轻声说：“先生，我是不是能建议您，如果放柠檬，就不要加牛奶，因为有时候柠檬酸会造成牛奶结块。”那位顾客的脸一下子红了，匆匆喝完茶，快步走了出去。

有人笑着问那位服务员说："明明是他老土，你为什么不直接点明呢？他那么粗鲁、自以为是，你完全可以对他还以颜色。"

那位服务员小姐微笑着说："正因为他自以为是，所以要用婉转的方式对待；道理也很简单，一说就明白，所以用不着大声。"

毫无疑问，这位服务员小姐是一位聪慧的女孩，因为她明白道理在自己这里，就没必要用气势来压人，道理不在自己这里，越是声高，反而越是洋相百出。

卡耐基先生曾经讲过这样一个故事，他的侄女乔瑟芬·卡耐基到纽约去担任他的秘书。她当时只有19岁，还是个孩子，刚刚高中毕业，没有什么做事的经验。

在刚开始的时候，她十分敏感脆弱。有次她又犯了错误，卡耐基先生准备指责她，却又马上对自己说："等一下，戴尔·卡耐基，等一下。你几乎有乔瑟芬两倍的年纪，做事经验更是多出好几倍，怎么可以要求她能有你的看法、判断和主动自发的精神——何况你自己也并不挺出色？还有，戴尔，你在19岁的时候是什么德行？记得你像蠢驴一样犯下的错误吗？记得你做过这些，还有那些……吗？"

一想到这里，他不得不如实地下个结论：乔瑟芬比他19岁时要好得多。而他从来没有称赞过她，这令卡耐基感到惭愧。

于是，一遇到乔瑟芬犯错时，卡耐基总是这样说："乔瑟芬，你犯下了一项错误。但是，老天知道，我以前也常常如此。判断力并非生来具备，那全得靠自己的经验，何况我在你这个年纪的时候还比不上你呢。我实在没有资格批评你或别人，但是，依我的经验，假如你那样做的话，不是好些吗？"

仔细想想，听别人指出我们的错误很难，但假如对方谦卑地自称他们也并非完美，我们就比较容易接受了。但遗憾的是，我们在别人犯错误时总是用自己的标准来衡量。想想当初你犯错之后战战兢兢走进老板办公室的情形，也许你就没有那么生气了。

"人非圣贤，孰能无过"，只要是人就有犯错的时候，而在他人犯错的时候我们却能依旧地信任他、鼓励他，下次他必会做得更好，同时他也会从心里感激你。正如一句老话说的那样："不能生气的人是笨蛋，而不去生气的人才是聪明人。"

人人都有自尊心，人人都有好胜心。有的人虽然知道自己错了，但是为了面子也往往坚持的原则，不愿轻易认输。相反，如果毫不留情地指出，反而会激起他更大的愤怒和仇恨，甚至会招致对方不顾一切的反击。这样一来，最终吃亏的可能还是自己。

宽容别人的错误，是人生最大的美德，更是人生最高明的智慧。所以，在别人犯错的时候，不要仓促地表明你的态度，不要一味地责备他，若急躁地表示责备，只会伤了别人的面子，又害了自己。

每个人都会犯错误，在不经意的时候惹上祸端，更是使人恼火。我们若能宽容一点，设身处地地为别人想一想，也许更能平息我们的怒气，更有助于问题的解决。

方式29 在暗淡的时光里要沉得住气

关键词：情绪控制·失意·黯淡时光

适用情境：人生失意时，需运用此方式。

无论你的追求是功名还是财富，都不是可以一蹴而就的事情，这就要求我们在成功之前的黯淡时光里，要有坚持到底的信念和勇气。

我们等待成功，就像等待果实成熟，早摘的果子，必定是酸涩的。

从前，有两个人偶然与酒仙相遇，一起获得了神仙传授的酿酒之法：米要端午节那天成熟的，水要从高山上流下来的泉水，把二者调和均匀，注入千年紫砂土铸成的陶瓮里，再用初夏第一张被照见朝阳的荷叶盖紧，密闭七七四十九天，直到鸡叫三遍后方可启封。

就像每一个传说里的英雄一样，他们历尽千辛万苦，找齐了所有的材料，把梦想一起调和密封，然后潜心等待那个时刻。这是多么漫长的等待啊！

第四十九天到了，两人整夜不睡，等着鸡鸣的声音。远远地，传来了第一声鸡鸣，过了很久，依稀响起了第二声。然而，期待已久的第三遍鸡鸣迟迟没有来。其中一个人再也忍不住了，他打开了自己的陶瓮，迫不及待地尝了一口，就惊呆了：天哪！像醋一样酸。大错已经铸成不可挽回的局面，他失望地把它洒在了地上。

而另外一个人，虽然也是按捺不住想要伸手，却还是咬着牙，坚持到了第三遍响亮的鸡鸣。舀出来一抿，大叫一声：多么甘甜清醇的酒啊！

只差那么一刻，“醋水”便没有变成佳酿。许多成功者，他们与普通大众的区别，往往不是机遇或是更聪明的头脑，而是在于前者多坚持了一刻——有时是几年，有时是几天，有时仅仅只是几分钟。

人们做人做事的态度，用一个简单的实验就可以检测出来。假设给他们同样的一碗小麦，一种人会首先留下一部分用于播种，然后再考虑其他问题；而另一种人则不管三七二十一，把小麦全部磨成面，做成馒头吃掉。

我们每个人都想做一个成功的人、优秀的人，只不过在馒头的引诱下，我们失去了忍耐的性子。成功是要讲究储备的，仓库里的东西越充足，成功的机会就越大，也才可能走得更远。成功的路是那样的遥远与艰辛，口袋里的馒头固然可以令我们在启程以后跑得飞快，不过吃了眼前的，恐怕就没法指望下一顿了。馒头中的卡路里终究有一天会消耗殆尽，没有播种我们就没有支持，没有粮食的保证，我们将过早地凋谢。

有两位学法律的大学生，一个毕业以后就去了律师事务所工作，而另外一个则选择继续深造。他们毕业的时候才 23 岁，转眼 10 年过去了，那个参加工作的同学已经成了鼎鼎有名的大律师，而继续深造的另一个同学也结束了学习生涯，跨入了律师的行业。到他们都是 35 岁的时候，这位 33 岁才成为律师的同学已经和做了 12 年律师的另一位同学做得一样好、一样有名。可是到了 43 岁，也就是他们毕业 20 年后，后者由于 10 年深造积累的知识不断地派上用场，生意越做越好；而前者却由于自己的知识所限，跟不上时代的潮流而日渐沉寂下来。

无论我们做什么，想力求速达，就难以达到理想与急切的愿望，就难以把事情办扎实。早熟便是小材，大器必然晚成。是的，在我们这个世界上，一日暴富、一夜成名的事例也有，但毕竟这只是一个偶然，代替不了世间的大道。许多成功者的成长之路其实无比的平淡，没有新闻、没有传奇，他们依靠自己兢兢业业的持久经营，同样取得了许多人难以企及的成就。

决心获得成功的人都知道，进步是一点一滴不断地努力得来的。例如，房屋是由一砖一瓦堆砌成的，足球比赛的最后胜利是由一次一次的得分累积而成的，商店的繁荣也是靠着一个一个的顾客在不停地购物过程中形成的，所以每一个重大的成就都是一系列的小成就累积成的。

她，1972年作为第一届工农兵大学生，以优异的成绩毕业于北京外语学院，被分到英国大使馆做接线员。

当时，做一个小小的接线员，是很多人觉得很没出息的工作，但她却把这个平凡不过的工作做得不同凡响。她将使馆所有人的名字、电话、工作范围甚至连他们家属的名字都背得滚瓜烂熟。有些电话进来，有事不知道该找谁，她就会多问问，尽量帮人家准确地找到人。

慢慢地，使馆人员有事要外出，并不告诉他们的翻译，而是给她打电话，有很多公事、私事也委托她通知。一时间，她成为全面负责的留言点、大秘书，成了使馆的“全权代办”。有一天，大使竟然奇迹般地跑到电话间，笑眯眯地表扬她。

没多久，她就因工作出色而破格调出给美国某大报记者处做翻译。在那里，她同样干得非常出色，不久，她就被破例调到美国驻华联络处，因成绩突出，获外交部嘉奖。

再后来，她被提拔为北京外交学院副院长。

她是谁呢?

她就是任小萍，她说：“在我的职业生涯中，每一次工作都是组织上安排的，自己并没有什么自主权。但在每一个岗位上，也都有自己的选择，那就是要比别人做得更好。”

同样在默默无闻的时候，人与人对现实的认识也是不同的。那些具备成功潜质的人，即使在逆境之中，也不会因为环境不利、希望渺茫、条件艰苦而放弃做准备。他们总是能想出办法、创造出条件去学习、去思考、去实践。把每件事都当成一项事业去经营，脚踏实地开创自己的成功基础。

踏踏实实地做下去是实现任何目标的唯一聪明做法。对于那些刚开始做自己事业的人来讲，不管被指派的工作多么不重要，都应该看成是“使自己向前跨一步”的好机会。有时某些人看似一夜成名，但是如果你仔细看看他们过去的历史，就知道他们的成功并不是偶然得来的，他们早已投入无数心血，打好坚固的基础了。

付出与回报，从来都是成正比的，中间过程的蹉跎并不可怕，只要我们有足够多的耐心，最终能等来足够好的结果。

不论什么时候，一切急功近利的思想与行为都是一种短视，都是非常有害的。我们一定要目光长远，而不要只盯着眼前的一点点利益，要学会朝着目标不停顿地努力，这是成功的唯一选择，也是最好的选择。

第四章

恰到好处地运用技巧

做事要“巧”，不可“蛮”干

人都是有种逆反心理的，比如你同人共事，对方的热情越高，你的疑虑就会越多。

同样，在你需要显示自己的身份或者需要争取对方的支持与合作时，台面一定要撑起来，以一副胜券在握的样子，为自己吸引更多的资源。

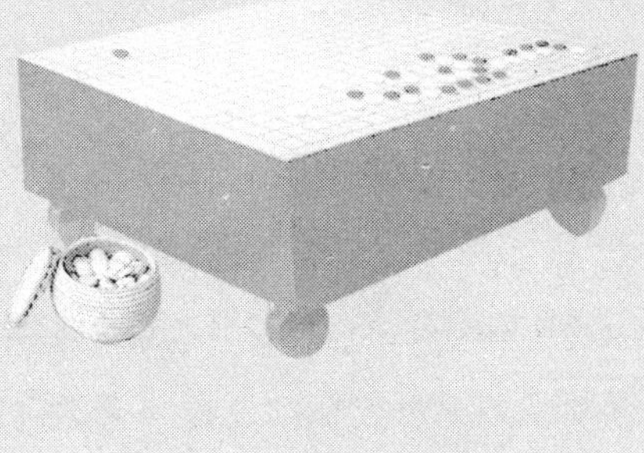

方式30 故意制造一些紧张气氛给对方压力

关键词：说服·攻心·制造压力

适用情境：说服他人、对方提出抗议时，需要运用此方式。

古语讲："善制人者，必善制心。"人心就是人身上的死穴。战场上的名将、商场上的老手，也无不把"攻敌不如攻心"信奉为最高的制敌谋略。

某乳制品厂就遇到过这样一件事情：

有一天，乳制品厂的投诉科来了一位消费者，这位消费者声称自己买的一罐奶粉中有只活苍蝇，而且此人气势汹汹，不可一世，一看就是来者不善。

厂领导静静地听完了这位消费者的慷慨陈词，看他实在没有什么再说的了，便不紧不慢地开了口："真是这样吗？那怎么行！若果真如此，那当然是厂方的错误，这件事可谓事关重大，我马上命令全厂停机整顿，调查事故来源！"

但是，厂领导下面的话一下就使在场的工人恍然大悟了："本厂奶品的制造过程，一定要把罐内空气完全抽出，并在罐中充入氮气之后再加以密封，所以不应也不可能有活苍蝇的情况，既然发生了这样的事情，我们一定要查清楚。但是，这还得请你把开封时的情形和开封后的保存情况等再尽量说得清楚一些。"

对于奶品的制造来说，卫生管理是相当严格的，为了防止氧化，一般都先将罐内的空气抽净，之后再马上灌入氮气进行密封。所以，如果说里面有活苍蝇，实属不可能。可是，这位消费者却说得有声有色，这时厂领导便想出了一个巧妙的方法。

可以说是说者严峻，听者愕然。这位消费者没想到这件事竟会引起如此严重的后果，于是惊讶和困惑的表情顿时在脸上浮现了出来。厂领导的提醒使他觉得，或许正是因为自己在保管上的不当而引起的，这样一想，他的锐气便减了大半，口气也软下来了：“我希望以后不要再有类似的事件发生，至于这件事，我就不再追究了。”说罢便仓促地离去了。

人是有感情的动物，即使是被称作铁石心肠的人，也不可能在一段时间内完全斩断持续性很强的心理攻势，特别是由不好的境遇、烦心的事情、突然的打击所引起的忧愁、烦恼、悲伤、颓唐等，这些都是人际交往中最有力的工具，只要用好了就能助事业一臂之力。

有一家印刷厂的厂长想卖掉他的工厂，以便腾出精力经营他的娱乐生意。其实，这家印刷厂规模很小，只能印一些广告之类的图案设计、标志及文字等，几乎没有利润。于是，他们登出了一个略高于其租金的广告拍卖印刷厂，这样的价格实际上就等于白送对方工厂里的有关设备。

广告一经登出，就引来了许多认购者，但这些人中真正有兴趣购买的却不多，多数人只是来凑热闹的。其中，有一个购买者的态度却显得比其他人更明朗，尽管他看上去不怎么喜欢这个印刷厂，而且还提出了这样那样的要求。而他与那些只来看看并不表态的人相比，厂长却认为他的买卖容易成交。于是，厂长便请这位先生写下了要求，想以此迫使那些还没有表态的人确定他们的态度。

厂长拿着这份所谓的“要求”，找到另一家似乎也有购买兴趣的公司谈这笔买卖。但厂长很快就发现，要使这家公司当即表态做决定很难，因为对方推说他们经理的工作已经超出负荷了，不太可能腾出手来经营这个印刷厂。厂长意识到，如果他花时间等待对方做决定，就会在对方面前削弱自己的地位，一旦对方没有进一步的动静，自己再找上门去催促就会更加被动。

于是，厂长便找了个机会与这个公司的几位头面人物洽谈了一次，提出了他特别愿意把工厂卖给他们的最重要原因，就是他这样做能保证雇员们的连续性，当然还有别的种种原因。并且，他还向他们声称，他不喜欢那位愿意出另一个价格的人。“还有另一个价钱吗？”对方对他的话产生了兴趣，这样问他。厂长给他们介绍了另外一个人的情况。

就在这时，事情发生了戏剧性的变化，对方了解了情况后，发现这笔生意居然还存在着另一个竞争买主，既然有人竞争，自己就不应轻易地放过。这家工厂决定马上协商，很快双方拍板成交。那位厂长则如愿以偿卖掉了印刷厂，得到了他想得到的钱。

爬山要懂山性，游泳要懂水性，成功要懂人性。俗话说“物以稀为贵”，越是少的东西人们就越会觉得它珍贵，这是人们的普遍心理。利用这一心理特征，故意制造一些紧张气氛，往往能使事情的进展顿起波澜，一旦对方感觉有了压力，事情就会朝着有利于自己的方向发展，从而你就能轻而易举地达到自己的预期目标了。

可见，要使对方快一点答应你的要求，就要在对方的心理上施加一些压力，当他们的心理逐渐无法承受这种压力时，那也就是你成功的时候了。

当对方理直气壮地提出抗议时，如果是进行毫不客气的反击，往往会把事情弄僵，遇到这种情况，你暂且把问题看得十分严重，使对方感觉情况不妙，便会不大好再大闹特闹了，不仅原来的气势会低下来，而且态度也会缓和许多。

方式31 不要踩着别人的脚印走

关键词：做事方法·主见·突破常规

适用情境：每一位渴望成功者做事时，都需学习运用此方式。

在很多时候，你不成功，不是因为不具备成功的智能或力量，而是因为你没有找到成功的方法。

突破常规的变通思维能力，是每一个渴望成功的人所必须具备的。它缩短了行动与目标之间的距离，只有拥有了灵活变通的思维能力，并将之与具体行动相结合，使它匠心独运、别出心裁，往往能为你实现理想做出独创性的贡献。

突破常规思维，从另外的角度进行思考，或者将问题颠倒过来看一看，往往能够柳暗花明见新天。这种事例在日常生活和工作中有很多，由于这种思维方式灵活多变，能出奇制胜，所以往往能取得意想不到的效果。

多年以前，丰田公司发现，世界上有许多人想购买奔驰车，但由于定价太高而无法实现。于是，丰田公司的工程师放手开发凌志汽车。丰田公司在美国宣传凌志时，将其图片和奔驰并列在一起，用大标题写道：用 36000 美元就可以买到价值 73000 美元的汽车，这在历史上还是第一次。

经销商列出了潜在的顾客名单，并送给他们精美联壮的礼盒，内装展现凌志汽车性能的录像带。录像带中有这样一段内容：一位工程师分别将一杯水放在奔驰和凌志的发动机盖上，当汽车发动时，奔驰车上的水晃动起来，而凌志车上的水却没有动，这说明凌志发动机行驶时更平稳。

面对这一突如其来的挑战，奔驰公司不得不重新考虑定价策略。但出人意料的是，奔驰公司并没有采取跟随降价的办法，而是相反，提高了自己的价格。对此，奔驰公司的解释只有一句话：奔驰是富裕家庭的车，和凌志不在同一档次。奔驰公司认为，如果降价，就等于承认自己定价过高，虽然一时可以争取到一定的市场份额，但失去市场忠诚度，消费者会转向定价更低的产品；如果保持价格不变，其销售额也会不断下降。只有提高价格，增加更多的保证和服务，例如免费维修 6 年，才可以巩固奔驰原有的地位。

就这样，奔驰公司以超常思维和手段，化被动为主动，摆脱了来自凌志的挑战。当我们面对难解开的局面时，只有突破定势、打破常规，在生活的其他方面，也可以出其不意、独辟蹊径地解决问题。

与其陷入人与人之间的消耗战里，不如独树一帜，强化自己的优点。只要定位得当，自然可达到不战而胜的目的。

有很多成功人士，也是造势的高手。为了在人们心目中长期保持风云人物的印象，他们招人眼目的作风不亚于一个超级明星。

刘銮雄——在香港拥有“股坛狙击手”、“铜锣湾铺王”之称的超级富豪。

1974 年，学业有成的刘銮雄从加拿大回到香港，开始了人生新的旅程。

1978 年，不想只过每月仅拿一定数目工资的平庸生活的刘銮雄，毅然辞职下海了。只有想不到，没有做不到。怀着这种信念，刘銮雄豪情满怀，同朋友梁英伟放手大干起来，将发展项目定位在市场上紧缺的行业——生产吊扇。就这样，在一阵锣鼓声中，爱美高(Evergo 永行不息)公司风风火火地成立了。独特的创业视角深深得到基金公司的青睐，并被先进人士称赞为“第一支新兴工业股”。在极具魄力及经济头脑的刘銮雄的一手打造下，爱美高公司规模不断扩大，技术不断改进，到1987年时，爱美高公司就跻身于世界前列，遥遥领先。公司的发行股也由原来的7500万股突增为20亿股，令人钦佩不已。

能赚更能花，是刘銮雄一贯的做事风格。他拿出1.5亿美元巨资订购波音787，眼睛都不眨一下。在美国纽约的佳士得举办的“战后及当代艺术”拍卖会上，爱好字画的刘銮雄越过大洋，千里迢迢来到拍卖会现场，以1737.6万美元的天价买下“波普艺术”大师安迪华荷的《毛泽东》丝印肖像画。不久，他又在纽约以3436万港元的巨资购买了一枚重达11.23克拉的超巨型梨形彩蓝色钻戒，以最浪漫的方式献给自己心爱的女友，并向女友求婚。在女友激动万分的泪水中，刘銮雄终于实现了抱得美人归的愿望。

自从1992年在北京、上海设立了办事处后，刘銮雄便将颇具潜力的内地当做自己下一步开发挖掘的对象，先后在北京、上海、深圳、广州、天津等十几个沿海发达城市投资办厂，至今为止，他所投资的总资金已高达60亿港元。

刘銮雄之声势是非常显赫的，首先他拥有名气之势，“股坛狙击手”，出手其准、其狠，自是不必再言。而他的公司爱美高(Evergo 永行不息)，更是强化了这种印象，一个人在商战中，若是“永行不息”地“狙击”，怎不让对手闻名心惊?

刘銮雄的实战，也打得漂亮。在胜利面前，他决不止步，坚持进攻就是最好的防守，不但要赢，还要赢得风生水起。有了这些资本，他再站到人前时，就是江湖一流高手，不必动手，光是风范气度，就能把人镇住了。而刘銮雄那些大手笔的消费风格，更为他的声势锦上添花。一掷千金的豪举或许有些出格，但若与“艺术”与“浪漫爱情”联系在一起，就有了存在的理由。如此，刘銮雄的实力与魄力，风格与个性，就格外完美地展现在人前。

为自己争取机会，是自我推销的第一步，以目前的成绩为基础，让成绩倍数上升，这才是自我推销的最高目的。

一个人之所以能够迈出众人的行列，一半在于他的努力与智慧，一半在于他恰逢时机地打破了常规，找到了展示自己的方法。如果你在一个偶然的或者必然的场合，采取某种方法或手段，突然显示出自己的思想、能力和才干，你就会出之于众，你就会赢得别人的注意。

做事讲方法，当然要因人、因事、因时而异，但有一点是不变的，那就是我们不能人云亦云，永远踩着别人的脚印走。

方式32 显示自己的强大，以提高震慑力

关键词：做事方法·生存智慧·显示强大

适用情境：在名利场上，遇到对自己不利的人时，需运用此方式。

在一定条件下，“示弱”是一种弹性的处世手段，可以避免冲突、保存实力；而在人前显示自己强大的一面，也是一种高明的生存智慧，让他人看到你的强大，你的利益和尊严才能够得到保证。

俗话说得好：“只有不快的斧子，没有劈不开的柴。”人在名利场上行走，难免会遇到一些对自己不利的人，只有让他看到你强大的一面，他才会向你服输。

中国宋代名将王德用被任命为定州总管，率兵抗击契丹人入侵。为打败契丹，他日夜训练士卒，希望他们成为可用之才。过了一段时间，军容整齐，兵强马壮。恰好有个契丹探子来偷偷侦察，有人请求立马把他杀了。王德用说：“不用，让他看一下我们强大的军队，回去据实报告吧。”接着继续训练士兵仪式，故意让那个探子看。第二天，王德用又故意举行盛大阅兵，战士们都生龙活虎，精神振奋。王德用假装公开下令：“准备好干粮，听我的旗鼓行动，去征伐契丹。”那名探子听后，赶回去报告，说汉兵将大举进攻，吓得契丹王赶忙派人前来议和。

日本人井植薰16岁进入松下电器工作，20岁因为工作业绩突出被任命为第八厂厂长。他高高兴兴去上任，准备大干一番。谁知道那帮粗野的工人见他长得白白净净、文质彬彬，都笑他是个“白脸小和尚”，根本不服从他的领导。井植

薰开始不跟他们计较，在对工厂进行深入了解后，决定实施几项改革措施，但遭到了工人们的强硬抵制。井植薰在大会上三令五申，在私下里谈心说服，总算将改革措施实行下去。

为了树立威信，井植薰决定首先要震慑几个带头工人。他的酒量比较大，有什么事，他就请工人们在酒桌上谈。他还知道一种喝酒不易醉的方法：饮酒前大量饮水，酒量可大增。而工人们干了一天活后，空腹喝酒，比较容易醉。所以，每次比拼酒量，几个人加在一起也喝不过他。渐渐地，那些反对派都被他折服了，对他言听计从，他在管理上再也没遇到过什么阻碍。

显示自己的强大，并非让自己在交往中具有攻击性，只是要向人适时表明自己有足够的攻防能力，这样无论是谁，都不敢有轻易动你的歪脑筋。

如果你没有震慑他人的强项，必要时可以采取“破釜沉舟”的手段，大家都想以“零伤亡”取胜，突然蹦出个不计后果的人，确实让人心里犯怵。当你作出破釜沉舟的姿态时，对方就会掂量掂量是否值得与你作对，并很可能就此放弃抵抗。

周晓光出差去哈尔滨，刚下车便听到有人叫站，说他们的旅店在什么位置，什么级别，有什么设施，说得天花乱坠。他信以为真便跟叫站人打招呼，但叫站人说要先付押金，周晓光拿出钱来付了押金，谁知跟随叫站人到了那一看，全不是那么回事。什么星级，什么现代设施，只不过是阴暗潮湿的地下室，不开灯连点光线都没有。周晓光很懊悔，也很气愤，便问叫站人：“怎么这么差的条件，这不是骗人吗？”老板不高兴了，看了看他，“谁骗你了，不是你自己来的吗！”周晓光不服：“那是听了你们叫站的虚假之言，再说了，我自己来的，我照样还可以自己走呀，给我钱！”“怎么地？”老板样子很凶：“给你钱？你以为你是谁呀？这里不是你想来就来、想走就走的地方。”

周晓光见这势头真有点害怕，但心里不服，于是狠了狠心，决定拼出去了。他学着老板的腔调吼：“你凶什么凶，你想怎地？我坚决退房，不退我就给 110 打电话了！”老板不理他，去招呼别的客人了。

正在这时，外面又来了几位不知情的受骗者，周晓光凑过去，说：“老板，我看还是退钱吧，想你也是明白人，如果我一嚷，那几位还没登记的旅客必会自行告退，孰轻孰重，聪明的你不会不明白吧！”最后老板在无可奈何中把钱全部退还给他。

在有些时候、有些地方、有些人正是摸准了人们欺善怕恶这一心理，才硬拿不是当理说，目的就是“宰人”。所以，面对对方野蛮粗俗和无理的冲撞，必须以“恶”碰恶，同时坚持原则，据理力争，决不能迁就软弱，你要是此时还一副老实相，那就会付出比一般人更大的代价。

人性天生自有恃强凌弱的一面，我们在这世间行走，只要掌握了人性的这一面，适当地采用一定的手腕，让他人看到自己强大的一面，便会取得良好的效果，这对我们做人行事都会有一定的帮助。

方式33 巧妙构思，制造一个共同的“假想敌”

关键词：共同心理·协作意识·假想敌

适用情境：当遇到困境，需要与人协作时，可运用此方式。

在军事上，有“假想敌”一说，就是把不是敌人的人想象成敌人，而后则花费大量的心思同这个对手作战。

为什么战争中会有“假想敌”？为的就是在战争中找到一个重点研究的对象，并且将这个对象反复研究、琢磨，加以推敲，进而使自己永远处于清醒的状态，更可以此不断提高自身的战斗力层次。

在生活和工作中，我们同样也存在很多这种制造“假想敌”的现象。比如，我们常会见到这样的一些人，在外人的眼光中他们或许很优秀，但是，他们对自己的要求却非常高，并且他们会一直寻找身边的人作为对手，从而使自己的心理始终处于戒备状态之中。

但是，这样的人，在这种构思中如果太过度，久而久之就会使其内心产生出无限的猜疑，使自己周围的生活陷入繁杂冗乱之中。他会觉得，自己总在被一些“敌人”撵着跑，稍一停顿，就有可能被超越或取笑，所以他们也深深地陷落在内心的不安之中，非常痛苦。

其实，在生活和工作中，有一个合理的“假想敌”，对于自身的提升是有好处的，但是，由于有一个“假想敌”的存在，就使自己惶惶不可终日，这就适得其反了。

制造一个“假想敌”有有利的一面，同时也存在着不利的一面，所以在这个过程中是提升还是毁灭；是在合理的、假定的目标对象前实现人生的奋进和提升，还是在强大的假想敌面前，失去直面自身不足的勇气，堕入嫉妒、仇恨和毁灭的深渊；如何将“假想敌”为你所用，这个选择权其实就掌握在自己的手中。

一部小说中有虚构的这样一段情节：

美国和前苏联两霸对峙，引发了战争，双方正想用原子弹互投。这时，突然传来一则消息，说是火星人开始向地球进攻了。于是，美国和前苏联不再相互对抗了，而是开始同心协力地去对付这个共同的外来敌人——外星人了。

这一段故事看起来简单，但是却十分巧妙地利用了心理学上的一个技巧——当两股不合作，甚至有矛盾的力量，遇到一个共同的敌人时，他们就会为了共同的利益，自然而然地结合在一起。

同样，在商业领域也有类似的案例。据说，有两家厂商正为了抢生意而闹得非常不愉快，这时，他们双方的销售部都突然打来了电话，说是消费者正在对他们两家提出共同的指责。于是，这两家厂商便立即停止了竞争，而开始共同商量怎样解决这个问题了。

同样的道理，在我们的生活和工作中，我们也可以灵活地运用到这一心理技巧，就是：当你面对一个与你不差上下的对手时，为了使自己不致因为双方的对立和争斗而面临损失，那么，你最好的办法就是制造出一个双方共同的“假想敌”，这样就会使你的对立方与你通力合作，从而避免你们两强相斗所带来的不必要的损失了。

其实，对于制造共同的“假想敌”这种方法并不是现今社会才出现的，在我国很早的古代就已经有过这样的一个案例了。

在齐国时期，有一个叫张丑的大臣，被派到燕国做人质。有一天，张丑企图逃离燕国，但是，当他努力地逃到边境上时，他却再一次被边境上驻扎的部队官兵逮住了。如此一来，可以说他是死定了。

但在此时，张丑却想出了一个点子，他吓唬这些官兵说：“我这次逃离，主要是有人向燕王告了密，说我私藏了珠宝，虽然那些珠宝我早已丢失，但燕王却始终不信，所以，他才非得要杀死我。现在，我落到了你们的手里，也别无他法可以活命了。但是，既然我要死了，那我也拉几个垫背的，我就对燕王说你夺走和吞并了珠宝，看燕王不把你们挖肝掏心才怪。燕王早已昏庸无道，我想你们即使再怎么跟他谈利害关系，他也是不可能听得进去的。”

说完，张丑就哈哈大笑了起来。

士兵头目见张丑说得有眉有目，一点儿也不像在吓唬他们，于是就相信了张丑的话，把张丑放走了。

由此，张丑便安然地回到了齐国。

张丑能顺利回国，就全在于他能抓住了士兵苟且偷安的心理弱点，在自己与他们之间制造出了一个共同的假想敌——燕王，从而从人性中的这一弱点展开攻势，最终取得了胜利。

人与人之间，往往会出现这样的情况，比如某位同事与他人极不合作，始终对别人采取反感态度，如果你想要他帮忙，这时你就不妨对他说：“如果我们不想办法办成这件事，我们就有可能被调到乡下去。”

听你这么一说，他心里必然会想：“这么说，这件事还是我们一起解决吧。”

在生活和工作中，人多多少少总会有些这种“共同”的心理意识，所以对于那些“特殊”的人物，最好的方法就是制造一个共同的假想敌，进而引发出他与你的合作意识，用共同的希望和展望引起对方的共鸣，以此便可得到对方的“认同”，在他摆脱自己处境的同时也救了你。

但是，在运用这一策略时，非常值得注意的是，这种“共同”的心理意识需要一个特定条件，就是一定要有一个共同的“敌人”，如果没有这个共同的“敌人”，那么在双方利害关系发生冲突时，这种共同的心理也就起不了作用了。

因此，遇到困境时要学会通过巧妙构思，制造出一个共同的“假想敌”，在唤醒对方的协作意识的同时，你的事情也就已经基本解决大半了。

方式34 沿着通往目标的捷径走

关键词：做事方法·闷头做事·捷径

适用情境：为理想而奋斗时，需学习运用此方式。

我们做事情，听从别人的安排、一声不响地闷头做事是一种做法；事先考虑清楚，筹划明白、全力寻找最佳的路径也是一种做法。在前者，这些人可能勤劳勇敢而且充满信心，但是他们的付出，很少得到对等的回报，这时候，就应该重新考虑一下自己做事的方式了。

一个身体强壮的年轻人到伐木厂去应聘伐木工，老板看他身体壮实挺适合干这个，就让他留下来了。第二天这个人很早就起床，一天下来伐了20棵树。老板夸奖他：“你真行，你是我们这里一天伐木最多的人。”

第三天这个工人起得更早，但是一天下来伐了17棵树，不过老板说：“17棵你也是最多的了。”第四天这个工人起得更早，结果到最后只伐了15棵树。

这个工人开始疑惑了：为什么我每天伐树的数量逐渐下降呢？老板就问：“你的斧头磨了吗？”这个工人这才恍然大悟，原来是因为斧子钝了的缘故。

美国统计学家W·爱德华兹·戴明博士，根据多年的数据分析证明，在所有的失败中，有94%并不是由于人们不想把工作做好。事实上，大多数人想把工作做好。如果不是人的因素，那么究竟是什么原因呢？

是方法。方法，而不是人，是那94%失败的“罪魁祸首”。

很多人对自己的现状并不甘心，也不缺少信心和毅力，他们之所以还是可有可无的小人物，主要是没有找到通往目标的捷径，把时间和体力都用在了劳而无功的事情上。

年轻人在自己独立生活之前，已经从师长那里得到了许多关于“不劳动不得食”的教育。这话没有错，劳动创造了人类，在劳动中，我们创造价值并享受劳动的回馈。但是如果你把这句话扩展为“以辛苦换收益”、“多大付出多大回报”，那么就需要再往深层次里思考一下了。这种思维从纯理论角度或许还说得通，但在现实中却是有人打着高尔夫就把钱挣了，有人一天天累得腰酸背痛，却仅仅糊口而已。

光埋怨社会不公是没有意义的，为了不让自己也陷入这种怪圈，你最好在30岁以前，就理顺辛苦与效率、辛苦与价值的关系，力求自己的劳动能换来最大化的效益。

有位律师叫K·O·海威希。他刚踏上社会的时候，在鹏萨所城一家贸易信托公司里当小职员。后来他移居到奥克拉荷马州，进入谢尔石油公司做事。

不久，经济产生了大危机，海威希和许多职员被解雇了。他受过的训练和经验都不够，没有办法担任一般书记以外的工作。他只好接受了他所能担当的唯一一件工作——以每小时4角钱的报酬，在石油管理工程里挖壕沟。

他的故事后半段是这样的：后来海威希被谢尔石油公司重新雇用，他的工作是在会计部门办理有关投资的文书工作。但是他对于会计工作是一窍不通的，这时只有一个办法，那就是学习。海威希认为自己到奥克拉荷马法律会计学校的夜间部会计系上课，是他所做过的最聪明的一件事。

经过3年的学习以后，他的薪水成倍增加了。于是他马上进入杜尔沙大学夜间部的法律系上课，4年内修完全部学分，得到了学位，并且通过律师鉴定考试而成为合格的开业律师。

但是他仍不满足，研究高等会计3年以后，又学了一项公共演讲课程。这些年来连续的教育，使海威希的薪水比挖壕沟的时候增多了12倍。

海威希的故事，是教育自己以获得成功的典型故事，是任何一个愿意付出时间和努力的人提升自我价值的最佳方式。

教育是年轻人对自己最成功的后天改造，但是在生活中，并不是每个拿到进入主流社会资格证的人，都做出了显而易见的业绩并获得了相应的报酬。大家都在忙，得到的回报却有高有低，问题究竟出在哪里了呢？

19世纪，意大利经济学者帕列托提出了著名的“二八法则”，对于付出与回报的关系，“二八法则”这么说：你所完成的工作里，80%的成果来自你所付出的20%。换言之，我们4/5的努力——也就是付出的大部分努力，几乎是白白浪费的。这一点一定使你大吃一惊！

为了使你的辛苦都收到实效，我们迫切需要一种更为合理的工作方法。

生活中，销售经理经常对受挫的推销员说：“再多跑几家客户！”父母对拼命读书的孩子常说：“再努力一些！”但是这些建议都是有问题的。就像有人曾经问一位高尔夫球高手：“我是不是要多做练习？”高尔夫球高手却回答道：“不，如果你不先把挥杆要领掌握好，再多的练习也没用。”

正确的方法比执著的态度更重要。我们应该调整思维，尽可能用简便的方式达成目标。无论如何，用钥匙开门都比把它砸开简单，我们的目标，就是尽快找到那把钥匙。

这就像走路，明明有很多近路，可他偏偏不走，就是一心一意地绕圈子，累得半死不说，而且达不到目的。我们在刻苦的同时，必须选择最近的、最佳的方法，这样才能事半功倍。通过走近路而节省时间去干其他的事，则将是更大的收益。

方式35 因势利导，以小的付出换取大的回报

关键词：做事方法·以小换大·因势利导

适用情境：当遇到棘手问题时，需运用此方式。

做事讲方法，既包括对自己目标和方向的规划，也需要我们对现实生活中的具体事件，能“逢山开路，遇水架桥”，根据实际情况，迅速拿出自己的对策来。

我们评价某个人会做事，多是称赞他具有把握重点的眼力和见风使舵的灵活性。事情怎么做，本来没有一定之规，能够因势利导，以小的付出换得大的回报的，就是此中高手。

北宋有一个边防将领叫种世衡，他曾驻守在延州的清涧城。他下车伊始，发现这里防守力量薄弱，粮草也十分缺乏。种世衡于是拿出官府的钱，贷款给商人用。商人们都争相到清涧城来做生意，而且他们出入时也从不会受到盘查。没用多久，粮仓和官方的供给就都充足起来，边防实力大增。

为了培养边境居民的尚武精神，他还想办法引导边民学习射箭。他用银子做成箭靶，谁射中了银箭靶就把这个箭靶送给他。后来射中的越来越多，银做的箭靶轻重依然不变，只是靶心却变厚变小了，这样人们的射技也大为提高了。当有人为了争取徭役的好差事而发生争执和打斗的时候，种世衡就让他们通过射箭比赛来决定，射中靶子的就可以优先分得较好的差事。谁一旦有了过失，也让他射箭，能射中的就会被免除刑罚将他释放。由于采取了以上这些措施，清涧城中的军士和百姓，人人都擅长射箭，从此清涧城兵强民富，远远超过延州其他各城。

有些事，看起来千头万绪，无从入手。 而事实上，在每件事情中起决定性作用的还是人，摸透了人心，掌握了人性，事情就好办多了。

有一则小故事，就体现了以人治人的智慧。

北周文帝时，韩褒为北雍州刺史。州中有许多盗匪，韩褒来了后，对他们秘密访察，得知这些人实际上都是州中的豪强大族。韩褒佯装不知，对他们都一律加以礼遇厚待，对他们说："我这个刺史不过是一介书生，怎么懂得督剿盗匪？要靠你们来共同为我分忧了。"他又把其中那些强梁狡黠的年轻人全都召集来，都给他们封了主帅的职衔，划分了地界，如果有抢劫事件发生而未能破获，就以故意纵放论罪。于是这些被署以主帅之职的年轻人，一个个惶恐惧怕，伏身自首，并揭发说："前某次抢劫案实是某某人干的。"把所有盗匪的名字全都开列了出来。韩褒把名册取过来收藏好，在州城门口发布榜文说："凡干过盗匪之事的人，要迅速来自首。超过本月不自首者，要抓来公开处决，并将其妻子、儿女入宫为奴，赏给前来自首者！"于是不满一个月，境中盗匪全部来自首了。韩褒取出名册核对无误，就全部宽恕了他们的罪行，允许他们改过自新，从此盗匪活动平息了下来。

用小偷当门卫，是为了更好地看住家。当制度不能发挥作用的时候，我们不妨从人性的特点着手，使其以子之矛攻子之盾。当破坏者发现这样做得到的好处还不如他损失的多时，他自然也就不会再去做这样的事情了。

罗明从部队转业之后，开了家汽车配件公司，经过数年的辛苦经营，也算是初具规模。哪知道从一年以前，开始发生货色走漏的毛病，而且走漏都是最关键的小件。罗明明察暗访，先在店里查，员工中有谁手脚不干净，再到同行以及用户那里摸底，看哪家吃进了来路不明的黑货，然而竟无线索可寻。

后来由于一个偶然的机会，罗明发现他丢的那些零件是被人塞在轮胎里，明目张胆地卖出去的，——里外勾结，然后再坐地分赃。而卖这种"货"的店员，是罗老板的同乡，平时诚实能干，很得他信任。他在罗明手下工作已久，进货渠道、客户网络都摸得三分底儿，此时如果顶着贼名儿被解雇，会引起一些不必要的麻烦。而且罗明通过家乡的来人了解到，这个店员的父亲在去年刚动了次大手术，欠了不少外债。虽然他事情做得不地道，可也算事出有因，自己了解不够。思前想后，罗明决定把事儿压下去。

于是罗老板不动声色，继续做出查无实据的苦恼样子来。一天午休的时候，他招来作弊的店员和另一名老员工，悄悄对他们说："我平日忙着进货，天南海北地跑，店里的事儿就有些顾不上，我不在的时候，你俩替我盯着点儿，若没什么大漏子，年终时我送双份的花红。"两人点头称是，以后罗明的公司，总算是风平浪静了。

一般情况下，"直接式"处理问题，能快捷、迅速、及时地把问题搞定，是处理一般性问题的很好方式。对于那些非常困难的问题，采用转个大弯子的迂回策略，也是出于不得已而为之。其实它是转化矛盾，使之逐渐趋于和平，直至最后彻底解决矛盾的一种特殊方法。

对于敢于变通的人来说，这个世界上不存在困难，只存在着暂时还没想到的方法，当你面临任何一个棘手的问题时，应该想："是不是还有另外一条事半功倍的道路可以试一试呢？那样或许会获得成功。"

方式36 制造神秘感，不要让人轻易看透

关键词：做事方法·神秘状态·看透

适用情境：无论是在平凡的生活中，还是职场、官场中，都需学习运用此方式。

30岁以前，我们大都还处于行进和选择的过程中时，可以掌控的外部资源并不多，那么，我们更需要的是内心的力量：当人们摸不清你的心思，掌握不了你的动向时，你对事情就有了更多的控制权。

1968年，美国总统大选期间，基辛格给尼克松的竞选团队打了一个电话，明确表示他可以向尼克松阵营提供宝贵的内部情报，尼克松团队高兴地采纳了他的提议。在这次竞争中洛克菲勒也是竞选人之一，但是他失败了，而基辛格一直以来都是洛克菲勒的盟友。

与此同时，基辛格也向民主党的提名人韩福瑞表示了他的这种意愿，韩福瑞要求他提供尼克松那边的内部消息，基辛格就把尼克松的一切全盘托出了。

其实基辛格真正想要的就是内阁总理的位子，而尼克松和韩福瑞都答应给他这个位子，不管谁赢了大选，他都将从中获利。

最后，胜利者是尼克松，基辛格顺利地当上了内阁总理，但他仍然小心翼翼地与尼克松保持一定的距离。当福特上台时，原来与尼克松非常亲密的人都被迫下台了，而基辛格又成了福特的官员。因为与尼克松保持了适当的距离，他很幸运没有下台，继续在动荡的年代里叱咤风云。

人们往往尊重那些保留自己独立立场的人，因为这种人让别人无法掌握。这种名声会随着权力的增加而得到提升，只要有一个人想要拉拢你，紧接着你就会得到更多人的器重和关注。所以，不要屈从于权力，权力只是一种手段，而不是最终的目标。

站在竞争势力的中间，审时度势，就更容易赢得权力并加强自身的影响力。关注你的人越多，你的价值提升得就越快，影响力也就越大。放在桌子上的筹码增加了，想要的东西就越容易得到。

实施这套策略，必须保持内心的自由，把周围的人和事都视为自己攀登顶峰的台阶，而不是为别人摇旗呐喊。

1558 年，英国女王伊丽莎白一世登基，很多人都想为她找个丈夫。许多年轻又有身份的伯爵都展开竞逐，期冀得到女王的青睐。她不阻止，也不拒绝，而是十分平静，每个前来求婚的人似乎都能从她的眼神中看到她喜欢自己，但是谁也把握不准她到底喜欢哪一个。

伊丽莎白不发表意见的态度，让她成为一颗遥远的星星，成了所有人崇拜的对象，成了人们心中女神的化身。她每天都生活在他人的赞美之词下，人们称她为“世界女王”、“贞洁处女”，甚至认为她能够决定天上星星的运行轨道。有一些胆大妄为之徒想尽办法来诱惑她，但是，他们不会从她身上得到任何好处，她一直提着他们的兴趣，让他们围绕在她的周围听她调遣。

西班牙的领地法兰德斯和荷兰低地的叛乱是伊丽莎白时代最重大的外交

议题。是否继续与西班牙保持联盟的关系，是否选择法国成为其在欧洲大陆的主要盟友，一直困扰着英国的外交家与政治家。后来，英国决定与法国结盟。法国国王的兄弟——安茹和阿连肯公爵，被社会舆论认为其中之一会娶伊丽莎白。伊丽莎白让他们每个人都抱着殷切的希望，但是并没有采取任何实质上的举动。

在以后的几年中，安茹公爵在公开场合亲吻伊丽莎白，甚至称呼她的昵称，但是，伊丽莎白一直在这两兄弟之间周旋。又过了几年，英法两国签订了和平条约。这个时候，伊丽莎白很礼貌地甩掉了他们两个。

伊丽莎白一直保持独身，她在位期间，英国从来没有发生过战争，社会经济和文化艺术都得到了很大的发展。

身为英国统治者，伊丽莎白用自己的方法将避免婚姻和避免战争合而为一，她依靠不确定的婚姻寻求结盟。投身于一方，必然会损害另一方。她必须让每个人都对她抱有希望，才能在你来我往的竞争中取得胜利。

伊丽莎白很好地掌握了进退规则，她不但控制了权力，而且控制了身边的每一个男人，所有的成功均来自于她保持独立的立场。在权力的竞争游戏中，她成了所有人崇拜的偶像。

人往高处走，人类固有的虚荣心使得人们普遍具有爱慕高不可攀的人或物，以及追逐从众的心理。“物以稀为贵”的观念更容易让人们相互争抢，于是越是好的越多人抢，越多人抢就越是好的，这种不成逻辑的逻辑左右了大多数人的行为。即使在平凡的生活中，这一条原则依然适用。比如，你闯进当地一家报馆总编办公室里，对总编说：“总编，我有一条头条新闻，保证让你的报纸明天大放异彩。”总编也许会半信半疑地问一声：“你跟别人讨论过了吗？”你回答：“是的，我去过几家报馆，但他们都对这个不感兴趣……”我想，这位主编多半也不会对你的头条新闻感兴趣了。但是，倘若你在回答主编的话时这样说：“是的，我跟别的几家报馆主编都讨论过了，他们都挺有兴趣，想听听我做进一步介绍，但问题是……”这时主编的反应决不会像刚才那么傲慢了，他也许会“腾”地站起来，抓住你的手让你讲个清楚。

一些大人物做事几乎都有一个共同的特点：善于制造神秘感，使自己的心机不被窥破，保持一种神秘莫测的状态，不让人轻易看透自己，这样人们就会对自己充满期待。

方式37 先抑制对方的欲望，然后再给他一个惊喜

关键词：做事方法·抑制欲望·制造惊喜

适用情境：替人办事时，需学习运用此方式。

有些人做事，喜欢大包大揽，不管能不能成，都先拍着胸膛应承下来。这样做其实百害而无一利，到时候事情成功了，对方会意识到你只是举手之劳，对你不见得有多少感激之心；如果不小心或者能力不够做砸了，对方一则会认为你不尽心，二则又会因为希望破灭而迁怒于你。这是典型的吃力不讨好。

凡有心机者，都会在一早就设计好路线，选择好做事的方式，一切尽在掌握中。

某公司成立以来，事业可谓蒸蒸日上。但因受国际上经济危机的影响，今年的利润却大幅度滑落。

董事长知道，这不能怪员工，因为大家为公司卖命的情况，丝毫不比往年差，甚至可以说，由于人人意识到经济的不景气，干得比以前更卖力。

这也就愈发加重了董事长心头的负担，因为马上要过年了，照往例，年终奖金最少加发3个月的工资，多的时候，甚至再加倍。

今年可惨了，算来算去，顶多只能给一个月的工资做奖金。

“这要是让多年来已被惯坏了的员工知道，心情真不知要怎样滑落！”董事长忧心地对总经理说：“许多员工都以为最少加发两个月的工资，恐怕连飞机票、新家具都订好了，只等拿奖金就出去度假或付账单呢！”

总经理也愁眉苦脸了:“好像给孩子糖吃,每次都抓一大把,现在突然改成两颗,小孩一定会吵。”

“对了!”董事长突然触动灵机,“你倒使我想起小时候到店里买糖,总喜欢找同一个店员,因为别的店员都先抓一大把,拿去过秤,再一颗一颗往回扣。那个比较可爱的店员,则每次都抓不足重量,然后一颗一颗往上加。说实在话,最后拿到的糖没什么差异。但我就是喜欢后者。”

突然,董事长有了主意……

没过两天,公司突然传来小道消息——

“由于营业不佳,年底要裁员,上层正在确定具体实施方案。”

顿时人心惶惶了。每个人都在猜,会不会是自己。最基层的员工想:“一定由下面杀起。”上层的主管则想:“我的薪水最高,只怕先从我开刀!”

但是,不久之后,总经理就宣布:“公司虽然艰苦,但大家同一条船,再怎么危险,也不愿牺牲共患难的同事,只是年终奖金不能发了。”

听说不裁员,人人都放下了心头上的一块大石头,那不致卷铺盖而走的窃喜,早压过了没有年终奖金的失落。

眼看新年将至,人人都做了过个穷年的打算,取消了奢华的消费和昂贵的旅游计划。

突然,董事长召集各单位主管紧急会议。

看主管们匆匆上楼,员工们面面相觑,心里都有点儿七上八下:

“难道又变了卦?”

是变了卦!

没几分钟,主管们纷纷冲进自己的部门,兴奋地高喊着:“有了!有了!还是有年终奖金,整整一个月的,马上发下来,让大家过个好年!”

整个公司大楼,爆发出一片欢呼,连坐在顶楼的董事长,都感觉到了地板的震动……

与人打交道,适时地抑制一下对方的欲望,然后再给他一个惊喜,是一个相当不错的技巧。毕竟,人要是在绝望中看到一点希望的那种心情肯定有说不出的高兴，对于枝节小事，就不会再去计较。

钱钟书的《围城》一书里，方鸿渐受三闾大学校长高松年的电报之邀，车舟劳顿地由上海赶往内地，准备就任教授之职。到了那里，情况有变，那封电报算不得数了，教授要降为副教授，看看高校长是怎么拆这烂鱼头的：他先拿方鸿渐那并不过硬的文凭攻其软肋："可是先生自己开来的履历上并没有学位，并且不是学政治的。"然后趁方鸿渐脸红心跳的档儿，一鼓作气，把这小小的城堡攻下来："当然，我决不计较学位，我只讲真才实学。不过部里的规矩呆板得很，照先生的学历，只能当专任讲师，教授待遇呈报上去一定要驳下来的。我想辛楣的保荐不会错，所以破格聘先生为副教授，月薪二百十元，下学年再升。"方鸿渐走出校长室时，灵魂像给蒸气碌碡滚过，气概全无。只觉得自己是高松年大发慈悲收留的一个弃物。

善于交涉的人，是会让对方把什么话都能咽到肚里去的，即便明知哪里不对劲，也只是无法开口。

人们最难忍受的是希望的破灭，如果他的心灵先触到绝境的底线，那么以后的改变对他将是一点点地回升。这比如一个朋友向你借钱周转，假如你先告诉他现在你自己也是处于困难阶段，且想办法调剂一下，然后哪怕你只借给他期望数字的一半，他也会感激你够交情。但如果你一开始就大包大揽答应了，此后如数递交，他反而又不以为然了。这就是人心的奥妙。

方式38 给人好处时，不轻给、不滥给、不吝给

关键词：做事方法·恰到好处·给人好处

适用情境：给人好处时，需学习运用此方式。

每个人都会有“给人好处”的经验，而唯有给人好处，才能从别人身上也得到一些“好处”。如果从不懂得给人好处，那么这个人就不会有太大的成就。

给人好处还是有一些学问的，别以为“给”这个动作很容易，给得不恰当，不但对方不会感激你，有时还会怨你。你白白损失“好处”，又招人怨，天底下再也没有什么事比这更冤的了。

所以，要给人好处，就要给得“恰到好处”，也就是说：不轻给、不滥给、不吝给！

所谓“不轻给”就是不轻易给对方，总是要让对方为这“好处”吃一些苦头，花一些心力，让他在“付出”之后才“得到”，这样子他才会珍惜这“得来不易”的好处。如果你因为身上有太多“好处”而随便给人，或想以“好处”来讨别人欢喜，那么不但他不会珍惜这些“好处”，对你也不会有任何感激之心，反而还会嫌少、嫌不够好，甚至一再向你要好处，你如不给或给得不如前次好、不如前次多，对方便要怪你、恨你，比你不给他好处还怨得深、恨得厉害！

“不滥给”就是“不乱给”，该给谁、给多少都要有准则，否则会出现和“轻给”一模一样的后遗症，而且还会造成是非不同的结果。

“不吝给”是指应该给、必须给、不得不给时，就要毫不吝惜地给、慷慨大方地给；不怕给得多，只怕给得少。这种情形包括：人家有恩于你时、奖赏有功的属下时、要重用某人时、要收买人心时，以及情势所迫时。

说到“给”，这里要特别提醒的是，给人好处以后最好不要到处张扬。

生活中经常有这样的人，帮了别人的忙，就觉得有恩于人，于是心怀一种优

越感,高高在上,不可一世。这种态度是很危险的,常常会引发反面的后果,也就是:帮了别人的忙,却没有增加自己人情账户的收入,正是因为这种骄傲的态度,抵消了本该“增值”的帐户。?

所以,给人好处时应该注意下列事项:第一,不要使对方觉得接受你的好处是一种负担;

第二,要做得自自然然,也就是说在当时对方或许无法强烈的感受到,但是日子越久越体会出你对他的关心;第三,给人好处时要高高兴兴,不可以心不甘、情不愿的。

总之,人际往来是互相的,切不可像做生意一样赤裸裸地,一口一个“有事吗”、“你给我好处,下一次我会帮助你。”忽视了真正的感情交流 会让人兴味索然,彼此的交情也维持不了多长时间。

方式39 关键时刻暂时低下头

关键词:做事方法·关键时刻·妥协示弱

适用情境:在遇到强大对手时,需运用此方式。

人性丛林里的争斗有很多种解决方式,妥协是其中的一种。

妥协是双方或多方在某种条件下达成的共识,在解决问题上,它不是最好的方法,但在没有更好的方法出现之前,它却是最好的方法,因为它有不少的好处:

1.可以避免时间、精力等资源的继续投入。在胜利不可得,而资源消耗殆尽日渐成为可能时,妥协可以立即停止消耗,使自己有喘息、调整的机会。也许你会认为,强者不需要妥协,因为他资源丰富,不怕消耗。理论上是这样子,但问题是,当弱者以飞蛾扑火之势咬住你时,强者纵然得胜,也是损失不小的惨胜,所以，强者在某些状况下也需要妥协。

2.可以借妥协的和平时期，来扭转对你不利的劣势。对方提出妥协，表示他有力不从心之处，他也需要喘息，说不定他是要放弃这场“战争”。如果是你提出，而他也愿意接受，并且同意你所提的条件，表示他也无心或无力继续这场“战争”，否则他是不可能放弃胜利的果实的。因此妥协可创造和平的时间和空间，而你便可以利用这段时间来引导“敌我”态势的转变。

3. 可以维持自己最起码的存在。妥协常有附带条件，如果你是弱者，并且主动提出妥协，那么虽然可能要付出相当高的代价，但却换得了存在。存在是一切的根本，因为没有存在，就没有明天，没有未来。也许这种附带条件的妥协对你不公平，让你感到屈辱，但用屈辱换得存在，换得希望，相信也是值得的。

妥协其实是非常务实、通权达变的生存智慧。凡智者，都懂得在恰当时机接受别人的妥协，或向别人提出妥协，毕竟人要生存，靠的是理性，而不是意气。

1808 年秋，拿破仑决定邀请亚历山大在埃尔富特举行第二次会晤。这次会晤，是拿破仑为了避免两线作战，以法俄两国的伟大友谊来威慑奥地利。消息传到俄国宫廷，激起一片抗议声。皇太后在给亚历山大的信中说：“亚历山大，切切不可前往，你若去就是断送帝国和家族，悬崖勒马，为时未晚，不要拒绝你母亲出于荣誉感对你的要求。我的孩子，我的朋友，及时回头吧。”

但亚历山大却认为，目前俄国的军事力量仍然弱于法国，还不足以抗击拿破仑的军队，因此必须佯装同意拿破仑的建议，应该造成联盟的假象以麻痹之。俄国要争取更多的时间妥善做好战争准备，时机一到，就从容不迫地促成拿破仑垮台。

来到埃尔富特后，亚历山大有意地在拿破仑面前恭言卑词，在两个星期的会晤中，亚历山大与拿破仑形影不离。有一次看戏，当女演员念出伏尔泰《奥狄浦斯》剧中的一句台词，“和大人物结交，真是上帝恩赐的幸福”时，亚历山大居然装模作样地对拿破仑说：“我在此每天都深深感到这一点。”

又一次，亚历山大有意去解腰间的佩剑，发现自己忘了佩带，而拿破仑把自己刚刚解下的宝剑，赐赠给亚历山大，亚历山大装作很感动，热泪盈眶地说：“我把它视作您的友好表示予以接受，陛下可以相信，我将永远不举剑反对您。”

1812年，俄法之间的利益冲突已经十分尖锐。这时亚历山大认为俄国已做好军事上的准备，于是借故挑起战争，并且打败了拿破仑。

事后亚历山大总结经验教训时说：“波拿巴认为我不过是个傻瓜，可是谁笑到最后，谁笑得最好。”

亚历山大以一国之尊，在对手面前几近卑躬屈膝，这个弯儿不是一般人能转过来的。他之所以能做得极为到位，是因为心存一种“笑到最后”的念头。以一个不甚恰当的例子说，就是一位做演员的，心知演什么角色，都是生存和事业的需要，脱下戏服，我还是我。所以演员可以演奴隶、演小人，演各种类型的角色，演得越像，自己未来的前景就越光明。在现实中也一样，谁说自己一向按本色生活，遵从心灵的喜恶行事，他可能是圣人，更可能是个谎言的制造者。

我们的人生，不可能总是处于顺境，每一个愿意向上攀越的人，都逃不掉拿自己的热脸对人家冷遇的尴尬。这对自己的自尊心是一次挑战。此时我们应把看问题的角度变一下，不要光想着自己的感受，还要看到比这更重要的东西，比如金钱、事业、职责、使命等等。有了这种思想，对自尊就有了控制力，唱红脸或者唱白脸，都不是问题。

对人妥协，考验的不但是我们处世的水平，同时也考验了我们的心理素质。在关键时刻可以低下头的人——当然不包括那些一辈子唯唯诺诺的应声虫，在内心必有自己的长远考虑。

第五章

恰到好处地随机应变

做事要“活”，不可钻死胡同

人不能戴着面具生活，可在遇到一些非常之人、非常之事时，也不能傻乎乎地任人宰割。

震慑恶人、笼络小人、搞定对立者，是我们在社会的大舞台上经常可以赶上的场景，每一次都需要我们根据特定的氛围，拿出不一样的表现来。

方式40 找到适合自己的方向，不要一条道走到黑

关键词：随机应变·适合自己·客观规律

适用情境：遇到挫折或失败时，需运用此方式。

在动物的世界里，狮子、老虎等猛兽总是独来独往的，它们自主选择生活的区域和捕猎的路线；羚羊、角马等食草动物，往往是成群结队地行动，一旦离了群，就茫然不知所措，它们只知拼命地向前奔跑，完全顾不上这条路是不是一个通途。

很多年轻人也有点儿那些食草动物的心理，不管他们首先踏入的是哪一条道，都是埋头苦干、不计后果地坚持下去。即使面对的是一堆鸡肋，明知已剔不出什么肉来，依然觉得扔了可惜。反复掂量之中，浪费了无数的时间精力。其实，任何一件事情的成功，除了坚持，更需要一种敏锐的判断力，对客观环境和自身的条件都应该有明确的认识。

有一位企业家，别人问他成功的秘诀是什么，他毫不犹豫地说："第一是坚持，第二是坚持，第三还是坚持。"听的人心里暗笑，没想到那位企业家意犹未尽，最后又加了一句："第四是放弃。"

作为一个成功的企业家怎么可以轻言放弃？该放弃的时候就要放弃，企业家说："如果你确实努力再努力了，还不成功的话，那就不是你努力不够的原因，恐怕是努力方向以及你的才能是否匹配的问题了。这时候最明智的选择就是赶快放弃，及时调整，及时掉头，寻找新的方向，千万不要在一棵树上吊死。"

企业家还讲了一个故事：有一次殿试时，乾隆皇帝给举子们出了一个上联"烟锁池塘柳"，要求举子们对下联。一个举子想了一下就直接回答说对不上来，而其他的举子还在冥思苦想，乾隆皇帝听了直接点那个回答说对不上的举子为状元。因为这个上联的五个字以"金木水火土"五行为偏旁，几乎可以说是绝对。

那个说对不上的考生思维非常敏捷，很快就看出了其中的难度，他不愿意把时间浪费在几乎不可能的事情上，便大胆地放弃了。乾隆皇帝不仅看出了他的聪明还看到了他的自知之明，他因此而得到状元。

对于那些在“坚持就是胜利”的教育中长大的人来说，现在很有调整一下思维方式的必要了。你没必要坚持“人定胜天”，而无休止地与客观规律较劲儿。知人者智，自知者明，找到适合自己的方向，远胜于一条道跑到天黑。

奥托·瓦拉赫是诺贝尔化学奖的获得者，他的成才经历充满了传奇色彩。在他开始读中学时，父母为他选择的是一条文学道路，不料一个学期下来，老师对他定下了这样的评语：“瓦拉赫很用功，但过分拘谨，这样的人即使有着完美的品德，也决不可能在文学上发挥出来。”此时父母只好遵从老师的意思，让他改学油画。可瓦拉赫既不善于构图，也不会润色，对艺术的理解力很差，成绩在班上是倒数第一，学校的评语更是令人难以接受：“你是绘画方面的不可造之才。”

面对如此笨拙的学生，绝大多数的老师认为他已成才无望，只有化学老师对他做事一丝不苟的态度赞赏有加，认为他具备做好化学试验应有的品格，建议他去学化学。父母接受了化学老师的意见。这下子，瓦拉赫智慧的火花在瞬间被点燃了。绘画方面的“不可造之才”一下子变成了公认的化学方面的“前程远大的高材生”。在同学中，他一直遥遥领先。

瓦拉赫的成功说明了这样一个道理：人的智能发展是不平衡的，都有强势和弱点。人一旦找到了自己智能的最佳点，使智能与潜力得到充分的发挥，便可以取得惊人的成绩。这一现象人们称之为“瓦拉赫效应”。

但遗憾的是，生活中我们往往没看到真正适合自己的点，即使它已经来到了我们身边，却仍然视而不见，反倒是跟随别人的脚步，追随着那些不适合自己的生活方式。生活中，你是不是也削尖了脑袋要往“热门专业”里钻？你是不是看到别人薪水高就忘记了自己的长项与兴趣？这时候，首要的问题不是还要不要坚持下去，而是重新做出适合自己的选择。

乔治毕业于法国一所著名的工程学院，毕业后，他毫不费力地找到了一份专业对口的工作。但是，几年后，他越干越力不从心。后来，他回忆说，当工程师需要一种严肃而自律的精神，但是，自己恰恰缺少这种精神。与此相反，他性格外向，富有亲和力，又特别钟爱四处活动。按部就班的工程师工作很难使他获得心灵上的满足，提高不了工作的积极性，无法在这个行业实现事业的突破，所以，他很苦闷。在一次经济大萧条中，乔治被淘汰出局，成为了一名失业者。这一次，他准备寻找一份适合自己的工作。抱着试试看的心态，他进入了一家工程销售公司，负责技术产品的销售。结果他的特长渐渐得到了发挥，不到两年，他成为了一名颇有成就的职业经理人。

世界上有半数的人从事着与自己的天性格格不入的职业，因此失败的例子数不胜数。在职业生涯的选择方面，要扬长避短。西德尼·史密斯说："不管你擅长什么，都要顺其自然；永远不要丢开自己天赋的优势和才能。"

只有当一个人选择了适合他的工作，找到了适合自己的位置时，才有可能获得成功。就像一个火车头一样，它只有在铁轨上才是强大的，一旦脱离轨道，它就寸步难行。

不过，你就算给自己定位了，如果定位不切实际，也不会取得成功。生活中，很多20几岁的年轻人对自己的长处认识得还不够充分。例如，善于待人接物的人并不认为他们的特长与别人有什么区别；口才出众的人也不一定会想到这可是自己身上的一个长处。有些时候，正是因为我们在生活中会不假思考地运用自己的特长，反而更容易忽视它们，不知道它们对自己有多么重要。这种人的失败，在于没有找准自己的位置，丢了自己的长处，而用了自己的短处。

很多人往往一时很难弄清楚自己的优势所在，这就需要你在实践中善于发现自己、认识自己，不断地了解自己能干什么，不能干什么，如此才能取己所长、避己所短，进而取得成功。

事物总是不断发展变化的，如果一味地坚持自己的执著，不注意发现新情况，就免不了会吃大亏。所以我们必须面对现实，对于无法实现的人生理想，该放手的时候一定要放手，要学会适时地转弯，放弃无谓的执著。一个人要想在学习或事业上有所成就，一定要有适应环境变化以及适应新环境的能力，否则，对于新生事物觉察不到，只是一味地坚持，最终会被环境逐渐淘汰。

方式41 屡屡碰壁之后要知道转弯

关键词：做事方法·巧干·转弯

适用情境：多次失败后，需运用此方式。

人是需要学会转弯的，中国有句古话叫“尽人事，应天命，”这话听起来有些消极，其实它很明确地阐释人在现实面前要态度从容、步调灵活的道理。

我们为理想努力，那是“尽人事”，当这种努力在现实中碰了壁的时候，下一步的方向就是“应天命”了。人生宜于建功立业的好年华有限，30岁以前，我们每个人都应当学会调整好理想与现实之间的关系。

古时有个渔夫，是出海打鱼的好手。可他却有一个不好的习惯，就是爱立誓言，设计好了什么事儿，八头牛也拉不回头。

这年春天，听说市面上墨鱼的价格最高，于是他便立下誓言：这次出海只捕捞墨鱼。但这一次渔汛所遇到的全是螃蟹，他只能空手而归。回到岸上后，他才得知现在市面上螃蟹的价格最高。渔夫后悔不已，发誓下一次出海一定要只打螃蟹。

第二次出海，他把注意力全放到螃蟹上，可这一次遇到的却全是墨鱼。不用说，他又只能空手而归了。晚上，渔夫摸着饥饿难忍的肚皮，躺在床上十分懊悔。于是，他又发誓，下次出海，无论是遇到螃蟹，还是遇到墨鱼，他都要去捕捞。

第三次出海后，渔夫严格按照自己的誓言去捕捞，可这一次墨鱼和螃蟹他都没见到，见到的只是一些马鲛鱼。于是，渔夫再一次空手而归……

渔夫没赶得上第四次出海，便在自己的誓言中饥寒交迫地死去。

这当然只是一个故事而已。

世上没有如此愚蠢的渔夫，但是却有这样愚蠢至极的誓言。无论如何，人不应该为不切实际的誓言和愿望而活着。当一个人屡屡碰壁而不知转弯的时候，理想就成了人生的负担。

纳尔逊中学是美国最古老的一所中学，它是第一批登上美洲大陆的73名教徒集资创办的。在这所中学的大门口，有两尊用苏格兰黑色大理石雕成的雕像，左边是一只苍鹰，右边是一匹奔马。

300多年来，这两尊雕塑已经成了纳尔逊中学的标志。它们或被刻在校徽上，或被印在明信片上，或被缩成微雕摆放在礼品盒中。许多人以为鹰代表着鹏程万里，马代表着马到成功。

可是，仔细研究历史，了解了这两尊雕塑的缘起，就会发现根本不是那么回事。

那只鹰所代表的不是鹏程万里，它其实是一只被饿死的鹰。这只鹰为了实现飞遍世界的远大理想，苦练各种飞行本领，结果忘了学习觅食的技巧，它在踏上征途的第四天就被饿死了。

那匹马也不是什么千里马，而是一匹被剥了皮的马。开始的时候它嫌自己的第一位主人——一位磨坊主给的活多，乞求上帝把它换到一位农夫家。上帝满足了它的愿望，可是后来它又嫌农夫给它的饲料少。最后它到了一位皮匠手里，在那儿什么活也没有，饲料也多，可是没几天，它的皮就被剥了下来。

那73名教徒之所以把这两尊雕塑耸立在学校的大门口，为的是让学生们警醒。

真正能把人从饥饿、贫困和痛苦中拯救出来的，是劳动和生存的技能，而不仅仅是一个人拥有多么丰富的知识和多么崇高的理想。人生对每个人都是一场综合的考验，不会对谁网开一面。在现实生活中，想得远不是错误，前提是你必须做得踏实。30岁以前，年轻人的浮躁是普遍存在的，具体表现在事情刚做到一半时，就觉得要大功告成，开始飘飘然起来。急功近利，只讲速度，不讲质量，看不起眼前的小事，认为如此做不出什么名堂来，没有什么意义。

让自己沉下心来进入角色是非常重要的，越早进入就意味着越早地步入事业的轨道。每天都让自己成熟一些，浮躁之气自然会少下来。

在很多公司的招聘广告上，都会列出一条"有5年以上工作经验者优先"。

这是什么意思？你以为这只是单纯地在强调工作经验吗？一个经营装修公司的老总说，其实装修做一年的经验和做5年的差不多。但是如果一个人有5年工作经验，他就会明白他不能在我的公司实现他做贝聿铭的理想。他要是贝聿铭，他早就找到成为贝聿铭的方法了，还等着我来发现他挖掘他？他不会在我的公司抱怨我没有给他条件，我凭什么给他条件？我给我自己条件好不好？一般工作5年以上的人，会懂得把哪些梦想藏在心中。而且一般比较清楚通过努力自己能够得到什么样的工作和生活。他会算得清清楚楚，自己几年之后可以买车，几年之后可以买房。为什么西方一些企业在提拔主管的时候会考虑一个人的婚姻状况？因为企业一般认为结婚的人比未婚的人更有责任感。而事实上，是结婚的人比未婚的人更懂得妥协。想一想，工作不是和婚姻有很类似的地方吗？一桩婚姻要持久有效，难道能不学会自己给自己搬梯子，找台阶？要不，真僵住了，一个说"离"，一个说"好"，怎么办？真离了，那还过什么日子呀？工作也是一样，除非是你不想干了，否则老板说你两句，你脖子一梗，说"老子不干了"，然后呢？可不能图一时痛快呀！好日子是怎么出来的，是过出来的。

当然你可以选择不妥协，像贝多芬那样，像布鲁诺那样，像许许多多的英雄那样，即使被五马分尸、被绑在火刑架上也不妥协，但是那和好日子没有关系。好日子讲究的是"小不忍则乱大谋"。对于妥协，其实等于迂回前进的道理，明白得越早越好，如果等碰得头破血流时再后退，付出的代价就未免太高了。

方式42 不要用老方法解决新问题

关键词：解决问题·新方法·思维

适用情境：在解决新问题时，需运用此方式。

一个人在一系列不可抗拒的因素下，要想走有利于自己发展的道路，就要有长远的战略规划和发展目标。

曾经有这么一个故事。

一群马流浪到一片肥沃的草地，草地的这头碧波万顷，草地的那头沙海茫茫。

马儿们忘乎所以地吃着鲜嫩的青草，觉得这是上天它他们的恩宠，从这头吃到那头，而到了那头，它们发现那是一片一望无际的沙漠。

这时候，几乎所有的马都惋惜再也吃不到这样好的草了。有的马继续前行，但终究没有走出沙漠；有的马立在原地，誓死不回头；有的马忍不住回头望了望它们吃剩下的青草，但始终没有往回走，它们都是好马，好马不吃回头草啊！

只有一匹马，它不想为了做好马而失去生存，于是它轻松地往回走，坦然地吃着回头草，从这头吃到那头，再从那头吃到这头。结果其他的好马都死了，只有它活了下来。

在生活中有很多这样的例子，一些人总是以好马自居，从而错过了很多好机会。有一个人因故被老板炒了鱿鱼，一个星期后，老板要他回去，他愤然拒绝："好马不吃回头草！"还有一个人被女朋友甩了，过了一段时间，女朋友回头向他认错，要求重归于好，这个人无情地说："好马不吃回头草！"

错过了就错过了，失去了就失去了，表面上不在乎，但心底里却后悔不已。对此，所有的问题都可归结于一点，那就是面子问题。然而，面子比生命还要重要吗？

我们很多人的思维总是习惯性地跟着前人走，跟着经验走，用老方法来解决新问题，结果当然不会成功了。

很多传统思维，在那个时代看来是坚不可摧的，可是因为时间、空间和实践的变化，已不能满足现实社会的需求，在不断进步的科学技术或先进的现代化生活方式的猛烈冲击下，甚至会成为一种阻碍你成功的错误思维。所以，事物是变化发展的，一切都在变，我们的思维也应该因时适地而改变。

人们观察世界、汲取知识的方法不能一味地传统继承，而应运用辩证的批判继承，取其精华，弃其糟粕。在面临该不该回头时意气用事，明知"回头草"又鲜又嫩，却怎么也不肯回头去吃，自以为这样才是有"志气"。其实，在面临回不回头的关卡时，你要考虑的不是面子问题和志气问题，而是现实问题。

如今的世界充满辩证思维的存在。你曾经非常热爱的一份工作因为种种原因而失去了，如果你愿意，为什么不回到从前呢？总有一些事情经历了才知道对与错，总有一些东西失去了才知道珍贵，既然知道了，为什么不回头，为什么还有那么多的牵绊？我们要敢于面对，要敢于从头再来。

其实，我们大多数都是好马，所以在必要的时候也要学会去吃回头草。不要顾忌太多周围人对你的非议，你只管吃你的草，只要认真诚恳地吃，填饱肚子，养肥了自己，时间一久，别人也会忘记你是一匹吃回头草的马了，甚至当你回头草吃得有成就时，别人还会佩服你：果然是一匹“好马”！要知道，在面对残酷的现实时，饿死的“好马”就变成了“死马”，也就不是一匹“好马”了。

所以，一个人的可贵之处不是用前人的方法解决问题，而是敢于突破传统思维，用自己独创的甚至是颠覆传统的思维来指导自己的行动。曾经你爱的人也是爱你的人，由于误会而分开了，当你们再一次有机会走到一起的时候，就要解开彼此的心结再续前缘；你曾经非常热爱的一份工作由于种种原因失去了，如果你愿意完全可以回到从前。

好马也要吃回头草，要敢于颠覆与重建思维秩序，反弹琵琶追求成功，这就是现代每一个想成就一番事业的人在新时代应该上的必修课。

方式43 条件不利时要改弦易辙

关键词：做事方法·随机应变·条件不利

适用情境：当自己处于弱势时，需运用此方式。

“一根筋”是说一个人做事不知反思、不知回头，只知一味向前，说得难听一点，就是脑子不转弯，在条件不利的情况下不知改弦易辙。

一位成功学教授被邀请到一座高等学府为同学们演讲。面对台下喧闹的同学，这位教授开头的第一句话就是问同学们："你们有谁知道两点之间最短的距离是什么？"

很多同学在听了这样一个问题后很不以为然，甚至有点嗤之以鼻，心里想："这算什么教授，这么简单的问题也说得出口！"一位同学站起来有点不屑一顾地说："这个问题连小学一年级学生都知道，两点之间最短的距离不就是直线吗？"教授铿锵有力地说道："错！两点之间最短的距离有可能是直线，也有可能是曲线！"

同学们一脸的震惊和迷惑，教授接着解释了所谓的距离。到底什么才是真正的距离？距离是路程的远近吗？距离是直线的长短吗？都不是。真正的距离是从起点成功地到达终点所经历的一切，无论受挫还是顺利。从几何学角度来说，两点之间最短的距离确实是直线，但从现实生活中来说，这条直线不一定能够把你从起点成功地带到终点。这样的距离看起来最短，实际上很长，甚至会把有可能的事情变成不可能。

教授一针见血地为我们指出了在现实生活中两点之间最短的距离不一定是直线这样一个真理，可是现实生活中的我们又有多少人为了简单的追求并无效用的直线而弄得自己头破血流，到头来仍然是一事无成呢？

我们的人生会遇到很多像沙漠这样的迷宫，既然是迷宫，就不要奢望两点之间的直线会拯救你，你就应该静下心来，好好地想一想，我到底该走哪一条路？是走最短的路？还是走最有效的路？捷径又是什么？捷径就是最短的路吗？只有想清楚了，摒除心中这个根深蒂固的直线情结，不盲目追求最短的距离，选择一条正确的道路，这样你才会成功地到达你的目的地。

玩过电脑游戏的人都知道，很多时候，直线代表着一个陷阱、一个诱惑。在玩游戏的时候，我们常常会遇到迷宫，走出迷宫是我们最大的目的，为此我们绞尽了脑汁，挖空了心思，我们总想走直线，总想走最短的路程，结果往往事与愿违。更让我们百思不得其解的是，出路就在眼皮子底下，但是朝着前方直走就是走不出去，硬是要你转好几个弯才能出来。当你走出迷宫，眼前豁然开朗的时候，你就会想，虽然走了不少弯路，但还是值得的。

著名幽默大师林语堂总结中国人（尤其是读书人）求人办事，像写八股文一样。

中国人办事很少像洋鬼子"此来为某事"那样直截了当开题，因为这样不风雅。如果是生客就更显得冒昧了。中国人的相会讲究话里做文章，有着八股般起承转合的优美。不仅有风格，而且有结构，大概可分为四段：第一段是谈寒暄、评气候。诸如"尊姓"，"大名"，"久仰"，"夙违"及"今日天气哈哈"皆属于此类。林语堂称之为气象学的内容，其要在起"来则安之位，安而后情定"的作用，即联络感情。这些内容在人们的生命空间中确实也有很大的共同性，不至于遭到抗拒。

第二段是叙往事、追旧谊。这就更深一层了，要从大众皆有的生命空间过渡到彼此较为特殊的那一块，是深入的过程。林语堂戏称之为"史学"。"也许有你的令侄与某个同学，也许你住过南小街，而他住过无量大人胡同，由是感情便融洽了。如果，大家都是北大中人，认识志摩、适之，甚至辜鸿铭、林琴南……那便更加亲挚而话长了"。这一段做得好，双方感情可能会有真正的融洽。

第三段是谈时事、发感慨。这可是政治学了。"感情既洽、声势斯壮"，于是便可联手出击，可进入侃的境界。纵横的范围甚广，"包括有：中国不亡是无天理，救国策，对于古月三王、草将马二弓、马诸政治领袖之品评，等等。连带的还有追随孙总理几年到几年之统计。比如你光绪三年听见过一次孙总理演讲，而今年是民国二十九年，合计应得三十三年，这便叫做追随总理三十三年。"这一段做得好，感情更为融洽，声势又壮，甚而至于相见恨晚，到了两肋插刀的程度。至此，可认为到了陡然下笔、相机言事之际。

于是，这第四段就叫经济学——奉托"小事"。可客气地起立，拿起帽子，然后兀而转来道：现在有一小事奉烦。先生不是认识某某吗？可否请写一封介绍信云云。这一段要自然随意，不给对方造成很大的压力或使对方觉得自己该欠他多大之情。而是要利用前叙铺垫，陡然收笔，总结全文。

做什么事情都要讲究方法，解决同一个问题的方法往往会有无数种，只要开动脑筋你就会发现解决问题的方法有很多。

在工作和生活中，我们也常常会遇到这样的情况，明知道你在这方面比不过人家，可是还是要硬着头皮去做。那么，你为什么不想着去换一种思路呢？做人做事要学会变通，不能太死板，要具体问题具体分析，前面已经是悬崖了，难道你还要跳下去吗？

我们都知道，“策略”的“策”字，上为“竹”字头，下面一个“朿”字。“朿”的原意就是一声巨响，所以“策”就是用锋利的竹子打击出一声巨响，我们引申来说，“策”就是道破天机。什么是“天机”？“天机”就是最高的机理、最高的规律。

金无足赤，人无完人，任何人有其长处，就必有其短处。要想成功，就得时时刻刻想着：是不是可以换一种方法。

方式44 逐渐提高要求，循序渐进办事

关键词：做事方法·循序渐进·

适用情境：求人办事或要去说服别人时，需运用此方式。

在生活中，你是否有过这样的经历：

当你走在街上，有一个小贩向你推销东西时，你以一声“不”回绝了他，他是什么表情？可以说，这个小贩的脸上不仅表现出了不高兴，还有可能带着一种怒气和怨气。

我们知道，任何人听到别人拒绝自己，都会感到不舒服。但是，如果我们换一种方式，不是简单地回答“不”，而是说“好的”。这时，大多数人都会十分愉快，而且感到舒畅。并且，这种舒畅的情绪往往会很自然地就呈现在脸上。

对于每一个人来说，包括我们自己，都不愿意听到“不”，而更乐意听到“好的”。凡是听到“不”时，人的表情大多都会很不自然。相反，如果回答的人是说“好的”，人就会高兴起来。

由此可见，说“不”与说“好的”，两者在表情上一定会有很大的差异。这就是由于心理的感受不同的缘故。但是，你若想将对方不畅快的心理降到最低限底，那么最好是利用“引导”的方式，循序渐进地进行说服。

现在我们举一个例子，譬如：“兔子比乌龟跑得快，对不对？”

对方必定回答：“是。”

接着，你又问：“有时兔子也会在赛跑的途中睡觉。”

又会回答：“是。”

“这时乌龟就会比兔子先抵达终点，所以乌龟比兔子跑得快，对不对？”

对方一般会顺着前面的回答说：“是。”

于是，你的目的便已达到了。

再比如，在向人借贷时，如果一开始说要借 100 万，一定会将对方吓倒，让自己吃顿闭门羹。因此，一开始你要说 1 千、1 万，以此解除对方的警戒心。在对方表示愿意答应要求后，你再缓缓引出你的志向、你的需要，他便不会一口回绝了。

逐渐提高要求，循序渐进办事，这就是那些会办事的人的手腕，当你能够做到突破对方警戒心时，那么你的事情也差不多就已成功一大半了。

有时候，为人处世就像在荆棘中穿行，方方面面都要谋虑得周全，有一方面的疏漏就可能导致窘境的降临。这时，就需要我们保持镇定，发挥谋划的艺术，把事情的枝枝叶叶细细地剖析，针对可能出现的情况，做出应对的策略，慢慢地引导事情向着自己的意愿方向发展。

曾听过一个故事：

有一个装扮奇特的人来到一个小村庄，他向迎面而来的几位妇女说：“我有一块神奇的汤石，如果将它放入烧开的水中，它会立刻变出一锅美味的汤来。如果不相信，我现在就煮给大家喝喝看。”那个奇特的人胸有成竹地高声宣布着。

大家半信半疑，都想知道这块汤石是否真的如此神奇。有人找来了一个大锅，有人提了一桶水，并且架上炉子和木柴，就在村子的广场上煮了起来。火势很快就上来了，锅里的水在熊熊的火焰中开始沸腾。

这个奇特的人很小心地将汤石放入水中，然后用汤匙尝了一口，兴奋地说："哇！太美味了，这是我做的汤中最鲜美的一次。如果再加一点洋葱就更好了。"立刻有人兴冲冲地跑回家拿了一堆洋葱。

奇特的人让大家把洋葱剥好，放入锅中，然后开始搅拌。

做完这一切，他又尝了一口："太棒了，不过，我相信如果再放些肉片，这锅汤就会成为你们喝过的最香的汤了。"屠夫的妻子听后连忙赶回家端来一大盆切好的肉，她想象着自己可以分得一大份汤就不禁喜上眉梢。

"再有一些调味品就更完美了。"陌生人又建议道。

在奇特的人的指挥下，有人拿了盐，有人拿了酱油，还有人捧来了其他的调味品。当大家一人端着一碗汤蹲在那里享受时，他们果真发现这是天底下最美味最好喝的汤。

如果一个卖汤的人，说因为没有锅所以不能做汤，你会怎么想？等你有了锅的时候，可能卖汤的就不止你一家了。其实，在办事的过程中，我们是有很多方法和途径来弥补不足的，只是很多时候是我们想不到或不愿这样去做，因此机遇便从我们的身边悄然溜走了。

人们总是喜欢抱怨不足，却不愿意思考怎样弥补和创造欠缺的条件和因素。条件是自己创造的，就像故事中那个做汤的人，而不是靠等待。

求人办事不能一蹴而就，追求速度。当你去说服别人时，别人往往会本能地产生反说服的心理，如果你越努力，对方的防范心理有可能越强。你若循序渐进，先了解对方的心思，然后用诱导的方式一步一步地去说服就顺利得多。

方式45 退一步，进三步

关键词：做事方法·说服·退让

适用情境：要说服别人或与人发生摩擦时，可运用此方式。

人们常讲："退一步者，海阔天空。"有时退一步者，反能进百步，退其实就是为了更好地进。

从前，美国有个倒卖香烟的商人到法国做生意。有一天，他在巴黎的一个集市的台子上滔滔不绝地大谈抽烟的好处。突然间，从听众中走出来一位老人，连声招呼也不打，就走到台上非要讲一讲不可。那位商人毫无精神准备，不禁吃了一惊。

于是老人在台上站定后，便大声说道："女士们，先生们，对于抽烟的好处，除了这位先生讲的以外，还有三大好处哩！我不妨讲给大家听听。"

美国商人一听见老人说的这话，转惊为喜，连忙向老人道谢："谢谢您了，老先生。我看您的相貌不凡，说话动听，肯定是位学识渊博的老人，请您把抽烟的三大好处当众讲讲吧！"

老人微微一笑，立刻讲起来："第一，狗见到抽烟的人就害怕、就逃跑。"台下的人很是莫名其妙，商人则暗暗高兴。"第二，小偷不敢到抽烟人家里去偷东西。"台下的人连连称怪，商人则喜形于色。"第三，抽烟者永远年轻。"台下的一片轰动，商人则满面春风，得意洋洋。

然后老人把手一握，说："女士们，先生们，请安静，我还没说清楚为啥会有这样三大好处呢！"商人格外高兴地说："老先生，请您快讲呀！""第一，在抽烟的人中驼背的多，狗一看到他们以为拾石头打它哩，它能不害怕吗？"台下的人发出了笑声，商人则吓了一跳。"第二，抽烟的人夜里爱咳嗽，小偷以为他没有睡着，所以不敢去偷东西。"台下的人一阵大笑，商人则大汗直冒。"第三，抽烟的人很少有长寿的，所以永远年轻。”台下的人一片哗然。

此时，大家一看不知什么时候，倒卖香烟的商人已经溜走了。

退是一种表面形式。由于在形式上采取了退让，这就会使对方从你的退让中得到心理满足。由此，不但思想上会放松戒备，而且还会以做出让步来作为回报。比如，你要与某人合作，他很有可能在这个时候满足你的某些要求，而恰恰这些要求正是你的真实目的。

我国某食品进出口公司就曾用以退为进这一谋略，同新加坡华裔客商 A 先生做成一笔数额可观的大蒜生意。

第一轮谈判，双方在货物品质、交货地点等问题上没有什么分歧，可是，一报价，双方差距较大：我进出口公司报盘每吨 720 美元，而 A 先生最高只肯出 705 美元，并声称这是上司的最后决定。由于差距太大，且难以通融，谈判暂时搁浅。

几天以后，我方谈判人员主动约请 A 先生重新谈判，并提出愿意以 705 美元的价格成交。进出口公司为何做出如此大的让步呢？原来大蒜的收获期就要到了，如果不尽快定下来成交，错过了收购期，不但质量和数量保证不了，而且收购价格也会上涨。权衡利弊后，我方决定退让。

然而，此时 A 先生却使出一个怪招，他说：“我祖籍是山东平度，这批大蒜卖 705 美元一吨，贵公司确实有些亏，我也于心不忍。做生意讲个来日方长，这样吧，每吨我增加 5 美元，交个朋友吧。”进出口公司被 A 先生这一招弄糊涂了。然而，既然 A 先生主动加价，何乐而不接受？于是，双方签订了正式合同。

其实，A 先生也是一个十分精明的人，他主动加价，也是为生意的顺利成交以及今后的交往铺设道路。

事情总是这样，你越是害怕什么，就偏会遇上什么。果然，发货时，出现了新的难题：原定的发货港——青岛港刚刚开出一班到新加坡的货船，要等下一班，需要一个月时间。于是，A 先生找到进出口公司，要求将发货口岸改在上海。

对这一新情况，我方经过权衡，觉得 A 先生主动加价，表示了友好的态度，我们也应予以回报。同时，在运费上面，运往青岛用的是汽车，而运往上海用的是火车，火车比汽车的运费便宜，计算下来，我方在运费上还可以节省一些。

因此，我方同意A先生的请求。这次成功的合作，我进出口公司同A先生建立了良好的贸易关系。

这是以退为进策略的精彩事例。以跳高为例，退得远，可跳得更高。人际关系中暂时的忍让吃亏，更可以获得长远的利益。让人一步不为低，如果你占理又能相让，众人不但会承认你是对的，更会称道你的宽宏大量，令你达到众望所归的完美地步。

让步其实只是暂时的退却，为了进一尺有时候就必须先做出退一寸的忍让，为了避免吃大亏就不应计较吃点小亏。

退让有一种办法是表面上做出让步，实际上却暗中进了一步。所谓"换汤不换药，还是老一套"，又所谓"新瓶装旧酒"。换了瓶子向对方退步，可酒还是老酒，酒力反而更大，因为对方肯定猝不及防地毫无还手之力了。

以退让开始，以胜利告终，这就是人情关系学中不可多得的一条锦囊妙计。

方式46 灵活控制事态的发展方向

关键词：随机应变·事态发展·灵活控制

适用情境：当事情不是按预期的方向发展时，需运用此方式。

一个人不能只抱着满腔热情，怀着赤子之心，却不顾实际环境，不看周围大众的水平而自顾自地施展抱负，这样的结果只会撞一鼻子灰而于事无补。

有这样一个故事：

一位画家把自己的一幅佳作送到画廊里展出，他别出心裁地放了一支笔，并附言："观赏者如果认为这画有欠佳之处，请在画上做记号。"结果画面上标满了记号，几乎没有一处不被指责。

过了几日，这位画家又画了一张同样的画拿去展出，不过这次附言与上次不同，他请每位观赏者将他们最为欣赏的妙笔都标上记号。当他再取回画时，看到画面又被涂满了记号，原先被指责的地方，却都换上了赞美的标记。

为什么出现这种情形？这位画家只是换了一种问问题的角度，却改变了人们对他的画的看法。这就是在不同的行为下导致了不同的结果。要想达到成功目标的人，不仅能时刻预见危机，坦然面对已有的挫折，还要把这种危机与挫折当做自己新的机遇，适时调整自己，向人生发起新的冲击。

中国有一句老话："方圆做人，智慧做事。"方就是做人之本，圆就是处世之道。在这里，"方"，即是方方正正，有棱有角，这是一个人做人做事有主张有原则，不易被外界所左右；"圆"，即是圆滑世故，融通老成，是一个人做人做事对技巧的把握，既不超人前也不落人后，该前则前，该后则后，能够认清时务，使自己进退自如、游刃有余。

现实生活中，有些人在学校时成绩是一流的，而进入社会却成了打工的；有的在学校时成绩二流，进入社会却当了老板。为什么呢？就是因为成绩一流的同学过分专心于专业知识，忽略了做人的"圆"；而成绩二流甚至三流的同学却在人与人的交往中掌握了处世的原则，所以他们更能适应社会，在社会上左右逢源。

人生在世，要运用好"方圆"之理，才能无往不胜，所向披靡；无论是趋进，还是退止，都能泰然自若，才能不为世人的眼光和评论所左右。正所谓："兵无常势，文无定法。"遇方则方，遇圆则圆，方圆兼济，这样才会有方圆人生。

唐朝名臣狄仁杰，被酷吏来俊臣诬以谋反罪秘密逮捕。为罗织罪名，来俊臣建议武则天降旨诱供，只要承认谋反就可免死。武则天同意了。审讯时，来俊臣宣读武则天的诏书，狄仁杰马上跪在地上，口称"死罪"，承认自己确实想谋反。来俊臣感到意外，但根据圣旨，只好免他死罪，听候发落。

这时，判官王德寿悄悄劝狄仁杰诬告几个官员以减轻自己的罪过。狄仁杰说："皇天在上，我没有干这样的事，更与别人无关，怎么能害人？"说完，一头向大堂的柱子撞去，顿时鲜血直流。王德寿等人忙把他送到厢房休息，狄仁杰趁无人之际，蘸着身上的血，将冤屈写在手绢上，然后撕开棉衣里子，将手绢藏进去，托王德寿带给自己家人洗洗再送来。

家人拆开棉袄，看见血书，忙拿去向武则天上诉。武则天将狄仁杰叫去问："你既然有冤，为什么承认谋反？"狄仁杰说："我要是不承认，只怕早就死在严刑之下了！"武则天毕竟是个聪明人，知道狄仁杰说的是真的，就把他放了。

狄仁杰在死亡威胁面前，能及时低头，体现了他的明智。但他却能坚持做人原则，决不为了拯救自己而冤枉好人，体现了一种了不起的成大事者风范。

古语云："取相于钱，外圆内方。"古钱币的圆形方孔，大家都是知道的。为人处世，其实也应要像钱币一样，"边缘"要圆活，要能随机而变，但"内心"要守得住，有自己的原则。处世不必与俗同，亦不宜与俗异，做事不必令人喜，亦不可令人憎，这样既可以保全气节，也可以保护自己。

人毕竟与其他动物不同，在做事时应知道自己在做什么事。也就是说，人在做事情的时候，要让大脑多支配自己。所以，做事情不能"灵活"，做人就不能达到"方圆"。常人与成功者的区别之一就是，常人在常人的环境中总是按大多数常人的方式行事，而事有大成者却往往能身处常人的大环境中保持清醒的头脑，按照自己的方式行事。

曾读过这样一句话："方圆的世界，方圆的人。"当时颇不理解，可细细想来，其中道理却可使人受益终生。为人处世，无非三种情况：方、圆、或兼而有之。方有刚有棱，易伤害他人和自己，圆则有柔有韧，尚不可全盘否定。因此，在如今这样人事纷繁的社会里，方圆结合，刚柔相济，才是最好的处世之道。

作为年轻一代的我们，不可至方，更不可至圆，只愿我们能成为一个刚柔并济的方圆的人。

方式47 做事要因人而异，视人而变

关键词：做事灵活·因人而异·因人而变

适用情境：在任何情况下总以同一方式做事者需学习运用此方式。

我们在做事时应注意因人而异、视人而变，切不可不分场合，不顾人物性格，没有分寸地为所欲为；也不可在任何情况下总以同一方式"以不变应万变"。用固定招式对待每一个人，这样吃亏的是你，失败的是你，不得人心的还是你。

第一，面对过分拘谨的人

这类人的特征是，就算你很客气地和他打招呼、寒暄，很热情地与他交谈，他有时也会表现得很冷漠，不在乎你，不理会你。在交谈时，他通常不会注意你在说什么，有时甚至根本没听你在说。碰到这种人只要你花些时间，去仔细研究观察一下他的一举一动，兴趣爱好，注意从他的言行中寻找出他真正关心的事情出来，你就会得心应手。开始时，你可以随便和他闲聊，只要能够使他做出简单的回答或细微的反应，接下来就好办多了。你可以在他感兴趣的问题上，引导他充分地表达自己的意见，使他逐渐投入到与你交谈中，他便会打开话匣子，你的负担便会大大减轻，至于以后的事情那就不用多说了。你必须始终注意把握的一点是，每个人都有他感兴趣或予以关心的事情，只要你稍加留意，然后有意触及，他便会"滔滔不绝"地和你说话。因此你要好好掌握并利用这类人的性格及心理，成功地与这类人交往。

第二，面对爱好表现的人

有这样一些人，不管遇到什么事都喜欢表现自己，发表一些自己的看法，也不管自己行还是不行，对还是错。如果他露了脸，他便会到处张扬，要是砸了锅，也不要紧，还有成千上万条理由可以拿来搪塞。总之，他忘不了表现自己。对待这种人，最好的办法是站在一旁静静地观看，因为有时你明知他会出纰漏，好心

提醒他，他不但不领情，反而会认为你嫉妒他，甚至记恨你，等他真的出了问题更会怪罪你，说是你使了坏。这类人很少冷静，他们总是热血沸腾、跃跃欲试，做事不假思索、草率决断，甚至为了表现自己的“果断”而招致意料不到的损失。所以，当你遇到这种人时，一定记住不要阻止他的自我表现，偶尔做一次配角似乎并不算什么，但为了避免由于这类人的草率和“果断”而造成的麻烦，你最好在适当的时候牵制一下对方，或在必要的时候提醒一下他冷静从事。

第三，面对城府较深的人

这些人不肯轻易让别人了解其心思和想法，故而圆滑，不愿被他人操纵或总想使人不知不觉中落入其精心编织的圈套。他最大的特征是说话不着边际，一旦涉及正题便“环顾左右而言他”，使你产生摸不着头脑和不知如何应对的感觉。事实上，在他的不着边际和“环顾左右而言他”之间，他能迅速了解和掌握你的想法和动机，然后争取主动，使你处于被动和服从的地位，被他牵着鼻子走。也有些人纯粹就是为了逃避矛盾，保全自己，使自己永远立于旁观者的地位，这样你只会感到无从下手。对待这种人不妨以其人之道，还治其人之身，彼此之间保持一种平等而互不干涉的局面。而当你必须要与这类人合作时，你就有必要先花一番心思考去探察对方的真实想法，然后运用诱导的方式使其露出“庐山真面目”，或者你干脆省力坦率直言，直截了当地说出自己的想法，并请其也实话实说。如此也可减去由揣测、诱导手段带来的情报不准确等麻烦。

第四，面对傲慢无礼的人

有这样一类人，他们自视甚高，目中无人，总以一种傲视一切、举止无礼的面目出现在人们面前。如果你身边有了这种人，一定经常有不愉快的事情发生，而且周围的人都对这类人持排斥的心态。很显然，这样的人是典型的最不受欢迎的人。但既然现在我们必须面对这种人，也让我们一起来想想办法对付他们。不卑不亢，是对待这种人的第一个办法。不论这种人怎样盛气凌人，我们决不自认卑微，或同样地虚张声势，这样的话，你就会白费气力，甚至会两败俱伤。第二个办法就是少跟他啰嗦！在这种人面前，你说话应干净利落，少跟他啰嗦，免得给他增添气势，无形中为他增加无礼的机会。如此他就不得不有所收敛。

方式48 关键时刻要舍卒保车

关键词:做事方式·关键时刻·舍小取大

适用情境:当要做出抉择时,需学习运用此方式。

事情有难易之分,有大小之别。有的事情和自己的切身利益紧密相连就一定要去做,有的事情和自己关系不大则可做可不做。如果你觉得自己即将要做的事情无法做到,就不要打肿脸充胖子;如果你觉得自己即将要办的事情把握不大,就要小心谨慎,亦步亦趋;如果你觉得自己即将要做的事情可以做到,就要义无反顾地去做。因事而变,才能做好事情。

第一,分清事情的轻重

汉宣帝时有一位宰相名叫丙吉。有一年春天,丙吉乘车经过繁华的都城街市,碰见有人群斗,死伤极多,但是他若无其事地通过现场,什么话都没说,继续往前走。不久又看到一头拉车的牛吐出舌头气喘吁吁,丙吉忙派人去问牛的主人到底怎么回事。旁边的随从看见这一切觉得很奇怪,为什么宰相对群殴事件不闻不问,却担心牛的气喘,如此岂不是轻重不分、人畜颠倒了吗？于是有人鼓起勇气请教丙吉。丙吉回答他:“取缔斗殴事件是长安令或京兆尹的职责,身为宰相只要每年一次评定他们的勤务,再将其赏罚上奏给皇上就行了。宰相对所有的琐碎小事不必一一参与,在路上取缔群众围斗更不需要。而我之所以看见耕牛气喘吁吁要停车问明原因,是因为现在正值初春时节,而牛却吐舌头气喘不停,我担心是不是阴阳不调。宰相的职责之一就是要顺调阴阳,因此我才特地停下车询问原因何在。”众随从听后恍然大悟,纷纷称赞宰相视事情的轻重而办的行动非常英明。

第二，权衡事情的利弊

人无远虑，必有近忧。聪明人做事，在注意其利益的同时，也不忽视与之相伴的害处，他们往往能兼顾利害得失。在这点上，我们不妨吸取古人的经验和教训。

汉魏时，朝廷对羌中鲜卑人归降的多安置在塞内各州郡。后来鲜卑人势力日益膨胀，经常在关内寻衅闹事，挑起民族矛盾，杀害地方官，侵扰附近村落，渐渐成为祸害。晋代时，侍御史郭钦给出了正确办理这件事的方案，他请求朝廷乘平吴的余威，把鲜卑人分散到内地或边疆，加强交通要塞，真诚地对待少数民族。朝廷对这个处理方案没有采纳，后来终于出现了五胡闹中华的混乱局面。

当人被某事某物所惑时，往往会不顾利害得失匆匆行动，从而不免受挫。相反，兼顾利害得失者，无论办什么事都不会陷入困境。

第三，从大局出发

顾全大局、舍卒保车在做事上是一种深远的谋略，是一种宽柔的智慧。许多仁人志士甘愿在名誉上受到玷污，而成就更大的事业。谚语说："立名难而坏名易。"好名声的建立是很难的，而破坏名声只在一时一事之中。所以名节上的损失绝非易事，勇于牺牲名节，必定是为了更大的目的。这就是在顾全大局，对于这个大局来说，名节就是卒，为了保全大局这个车，舍卒是不可避免的。

做人如此，做事亦如此。要做到顾全大局，就必须临危不乱，关键时刻不能患得患失于小利小益，要善于分清眼前利益，能够舍卒保车，为了更大、更长远的利益舍弃眼前的利益。在相对小的利益面前装糊涂、不动心，是每一位渴望大成功的人所必备的素质。

方式48 即使再有实力，也要乘势而动

关键词：恰到好处·随机应变·乘势而动

适用情境：遇到难办的事情时，需运用此方式。

我们做事情，一定要懂得“与其待时，不如乘势”的道理，许多看起来难办的大事，居然顺顺利利地办成了，就是懂得乘势的缘故。

晚清一代官商胡雪岩是中国历史上第一个以商人的身份代表政府向外国引进资本的商人。而在他之前，政府还没有向洋人借债的先例，且有明确规定不能由任何人代理政府向洋人贷款。朝廷总理政事的恭亲王曾拟向洋人借银1000万两用于买船，所获的批示却是：“其请借银1000万两之说，中国亦断无此办法。”这种情况甚至让一向果敢有决断的左宗棠对向外商借款能否获朝廷批准也心存犹豫，是胡雪岩一番关于当下时势以及办大事要懂得乘势而行的剖析使他得以坚定。胡雪岩认为：

同样是向洋人借款，那时要办断不会获准，而这时要办却极可能获准。这是时势使然，一则，那时向洋人借债买船，受到洋人多方刁难，朝廷大多数人不以为然，恭亲王亦开始打退堂鼓，自然决不会再去借洋债。而此时洋人已经看出朝廷决心镇压太平天国，收复东南财赋之区，自愿借款以助朝廷军务，朝廷自然不大可能断然拒绝。二则，当时军务并不十分紧急，向洋人借款买船尚容暂缓，此时军务重于一切，而重中之重又是镇压太平天国，为军务所急向朝廷提出向洋人借款的要求，朝廷也一定会听从。三则，此时领衔上奏的左宗棠本人手握重兵，且因平定太平天国有功而深得内廷信任，由他向朝廷提出借款事，其分量自然也不一般了。借助这三个条件形成的大势，向洋人借款不办则罢，一办则准成。

不用说，事实确实如此。

这里所说的势，是指那些促成某件事成功的各种外部条件同时具备，即恰逢其时、恰在其地、几好合一、好的机会集合而成的某种大趋势。具体说来，这种“势”也就是由时、事、人等因素交互作用形成的一种可以助成“毕事功于一役”的合力。这里的“时”即时机。所谓“彼一时，此一时”，同样一件事，彼时去办，也许无论花多大的力气都无法办成，而此时去办，可能“得来全不费功夫”。一件事，不同的人办会办出不同的效果，即使能力不相上下的两个人，这个人办得成的某件事，另一个人却不一定能办成。所谓乘势而行，也就是要在恰当的时机由恰当的人选去办理该办的事情。

当然，我们更应清楚，在诸多因素中，对时机的选择与把握是至关重要的，它可以说是我们“乘势”的灵魂，这就犹如我们平常发表对某件事情或对某件事做一个决策的看法一样。在许多事情的处理与运作过程中，即使你是一个身位显赫、举足轻重的人物，即使是你的意见很富有科学理性、意见绝对正确、决策十分果断准确，如果你想让你的意见或决策起到更大更有力的作用或影响，你也必须选择恰当的时机，乘“势”而发。否则，说早了没用，说迟了徒然自误；说的场合不佳，效果不大，甚至带来负作用。这就是“势”的作用。

对于那些成功者，他们所拥有的局面是大胆决策和自己用心经营后的必然结果，而决非误打误撞的“大运”。他们大胆果断的“冒险”背后，是深谋远虑的筹划与安排。

1959 年，金庸 35 岁，抵港已 11 年了。他对自己这段时间的作为做了一个总结：

北上投效外交部失败；

婚姻失败；

唯写作武侠小说成功。

把这几件事综合起来看，写武侠小说应该是自己走的路。但是，在金庸看来，写武侠小说毕竟只是“副业”，在别人看来也许是成功的，但自己始终难抒己愿。而最让他难受的是，作为主业的编辑行业却因《大公报》的工作作风而使自己难以尽情施展抱负。那么，下一步该怎么走？

在别人看来，金庸坚持以写武侠小说作为自己的事业也是很不错的。但金庸选择了一条充满风险的行业：办报。

在香港有这样一句俗语：假如和人有仇，最好劝他办报，意指办报的风险极高。但金庸已经决定自立门户，说干就干。1959年5月20日，日后声名蜚然的《明报》正式创刊了。

选择一项全新的、从未有过经验的行业自然有许多难处，这对金庸也不例外。《明报》创刊之始即苦苦支撑，困境时甚至只剩下包括金庸在内的两位报人，许多人都断言：《明报》不出半年即倒闭。但出人意料的是，《明报》不但支撑了下去，而且销量渐有上升，一步步打开了局面。

武侠小说作家站出来办报，旁观者也许会为金庸的胆量喝彩，如果以武侠世界的观点讲，他是一位敢作敢当的勇者。其实在金庸先生自己看，这背后未必没有谋略的支撑，应该说金庸对办报是有所准备的。这次重新选择事业，金庸吸取了北上求职失败的教训，事先估计了各种可能的情形。10来年的经历一方面为他增加了不少经验，另一方面也使他有了一定的积蓄，用来做启动资金是不愁的；为刺激报纸销量，以前给《大公报》等写的国际政治述评可以转载在《明报》上发表，而给《新晚报》等武侠小说连载更是抢手货。另外，针对香港市民的爱好，《明报》专门开辟了娱乐版面，相信可以吸引一大批读者。即使是办报失败了，自己仍可以从事翻译和武侠小说的写作以维持生计，自然，这是最坏的打算。

有了这样细致的前期准备，放心大胆地选择自己的新目标当然是没有问题的。

人生是一场长途的跋涉，我们自然可以冒险选择距离成功的最短路径，但是你一定要看清方向，带好必需的装备。

一定的时机办一定的事情，同样的事情此时该办亦可办，彼时却也许不可办亦不该办。可办则一办即成，不可办则绝无办成之望。所谓乘势而行，也就是要在恰当的时机由恰当的人选去办理该办的事情。

方式50 不要为一时的恩怨而堵住自己的后路

关键词:做事灵活·随机应变·恩怨

适用情境:在人际交往中,遇到些许摩擦和不快时,需运用此方式。

做事灵活,就要求我们不能戴着有色眼镜看问题。为人处世,要往远处看,不能因为一时一地的是非恩怨而堵了自己以后的路。

英国首相丘吉尔曾有一段名言:“没有永久的敌人,也没有永久的朋友,有的只是永久的利益。”他一生都在奉行着这句话,在用人上也是如此。丘吉尔作为保守党的一名议员,历来非常敌视工党的政策纲领,但他执政时却重用了工党领袖艾礼,自由党也有一批人士进入了内阁。更值得称道的是,他在保守党内部,对前首相张伯伦也没有以个人恩怨去处理他们之间的关系。他不计前嫌,很好地团结了他们,显示了他的胸怀和高明的用人之术。

张伯伦在担任英首相期间曾再三阻碍丘吉尔进入内阁,他们政见非常不合,特别是在对外政策上存在很大的分歧。后来张伯伦在对政府的信任投票中惨败,社会舆论赞成丘吉尔领导政府。

出人意料的是,丘吉尔在组建政府过程中,坚持让张伯伦担任下院领袖兼枢密院院长。他认识到保守党在下院占绝大多数席位,张伯伦是他们的领袖,在自己对他们进行了多年的批评和严厉的谴责之后,取张伯伦而代之,会令他们许多人感到不愉快,接受丘吉尔做首相,是他们的痛苦。为了国家的最高利益,丘吉尔决定留用张伯伦,以赢得这些人的支持。

后来的事实证明,丘吉尔的决策非常英明。当张伯伦意识到自己的绥靖政策给国家带来巨大灾难时,他并没有利用自己在保守党的领袖地位刁难丘吉尔,而是以反法西斯的大局为重,竭尽全力做好自己分内之事,对丘吉尔起到了极大的配合作用。

当人与人之间争端纷起时，难免要侵犯到彼此的利益，如此一来，大家对于敌对方的情绪会越来越恶劣。而能与自己的敌人携手是站在主动地位的人，能站在主动地位的人不受制于人，你采取主动，不只打动对方，甚至会让他误认为你们已"化敌为友"。可是，是敌是友，只有你心里才明白，但你的主动，却使对方处于"接招"、"应战"的被动的态势，如果对方不能也"爱"你，那么他将得到一个"没有器量"之类的评语，一经比较，两人的分量立即有轻重，所以当众拥抱你的敌人，除了可在某种程度上降低对方对你的敌意之外，也可避免恶化你对对方的敌意。换句话说，为敌为友之间，留下了条灰色地带，免得敌意鲜明，反而阻挡了自己的去路与退路。人是群居的动物，跟周围的人做朋友，大家携手共进，你的好口碑才会逐渐树立起来。这样成功的阻力减少了，增加的都是前进的润滑剂。把自己融入现实之中并没有想象中的那么困难，即使你一向厌恶的人，只要有心，慢慢地也会与之建立起一种亲密的关系。

请记住一句话：敌意是一点一点增加的，也可以一点一点削弱。

比如常听音乐的人，一般都有派别之分，他们常自诩自己是古典音乐派、爵士音乐派、流行歌曲或民谣派，就好像是政坛上的党争，从不轻易越雷池一步。但是经过调查之后，才明白他们的好恶并非是绝对的。

人们对于自己还没有了解的东西，总有一种天然的抗拒感。比如有人声称自己讨厌爵士乐，但是多听过几次爵士乐之后，又可能会逐渐接受它并且喜欢上它。人们对于接触次数多的事物，都会或多或少地产生亲切感，"讨厌"有时候只是自己的主观感觉。

这个道理对人也是一样的。觉得讨厌的人，和他交往一段时日后，可能就会发现他的一些优点，从而改变了当初的印象。我们要在社会中生存，你不喜欢很多人，拒绝和他们亲近，他们同样也就没有喜欢你的理由，这会使我们的处境非常艰难，走到哪里都是一片荆棘。所以我们要尽量与人亲善，消除他们在我们心中的坏印象。

"厌恶"并非天生，也非绝对，多半是由于缺乏亲切感而引起的。马戏团里，驯兽员面对一些毒蛇猛兽的时候，最初总是要下意识地躲避，但是与它们熟悉之后，不安与恐惧感便会渐渐消逝。相同的道理，对于讨厌的人，只要不断地接触，当熟悉对方以后，厌恶的感觉便会逐渐消逝。

如果我们的周围敌人多而朋友少，本来可以很顺利的事儿，也可能会遇到一些不必要的阻挠，我们的时间与精力，很可能有一大部分要损耗在这种无谓的纷争里。为了早日达到你心中的理想境界，还是别打那种误人误己的消耗战。

在日常人际交往的过程中，我们不免会遇到些许摩擦与不快，每当这个时候，我们面对问题的态度，就往往体现了一个人的心胸与度量：心胸狭窄的人选择斤斤计较，因而“失众友”；心胸宽阔的人，选择用宽容包容过去，因而“聚众朋”。因此，我们应该团结一切不利于自己的因素或敌对力量，为我们的最终目标服务。

第六章

恰到好处地察颜观色

遇事先“看”，不要急着去做

生活中，有些年轻人为了显示自己的热情，而对自己刚刚接触到的事物毫无保留地发表意见，这是为人处世的大忌。

对于每件事都不要被其表面现象所迷惑，而要仔细体察它的来龙去脉和盘根错节的关系，看清、看透，然后再决定自己下一步的做法。

方式51 遇事多思考，言行要谨慎

关键词：做事方法·察颜观色·防患于未然

适用情境：在困境未到来之前，需学习运用此方式。

在一些小说和影视剧里，有一种固定的套路，若是某人无端遭遇了横祸，办案人员首先要调查他的人际关系。若此人性格谦恭，与人为善，基本上就排除了挟仇报复的可能性，如果他一贯争强好胜，言行不谨，就很容易招来嫉妒和仇怨。

孔子有句话，叫做“危邦不入，乱邦不居。天下有道则见，无道则隐。”就是说不进入存在危险的国家；不居住在动乱的国家。天下太平就出来做官；天下不太平就隐居不出。这是一个人保全自己的方法，是一切大原则的根本。

福祸无门，唯自招之。无论任何时代，如果我们思维迟钝，言行不谨，就很容易让自己陷入一种烦难之境。

对于当代的年轻人，世界清平，绝对的“乱邦”、“危邦”并不存在，但在我们的生活中，依然常有险地，必须要学会识别。孔子的“不出”与“不入”，是预先警惕人们从根本上斩断与危机的联系。而在现实中，危险并不会划定疆界，立着招牌，这就随时考验着人们察识吉凶的能力。

一旦我们看出事情不对路，就要先做好全身而退的准备，暗暗地把风波化于无形之中，过后依然风平浪静，就像没这回事儿一样，那才是高明的手段。

汉朝有个谋士叫陈平，有一天，他穿了一套新衣服，腰上佩着一把宝剑，来到渡口，找到一个船夫替他撑船过河。

船夫看他穿着新衣，以为他腰包里装了不少金银财宝，便想等船到河中央时将他推入河中谋财害命。陈平坐在船尾，看船夫不住飘过来不怀好意的眼光，知道他心中有邪念，便故意叫着说：“哎呀！好热哟！要不要我来帮你撑一会儿船?”说着,一面当着船夫的面,把身上的衣服一件件脱下来放在船板上。船夫看他脱下衣服时,并没听见钱币落地的声音,知道他身上没有财宝,便打消抢劫的坏主意了。

年轻好盛的人,大抵想弄弄波涛,试试身手,其实这却大可不必,天下太平了,岂非更省些心力? 要知道,经常犯险的人,谁没有失手的时候?

也许有人会说我的生活圈子很小,没有那么多的江湖风波。那么我们可以这么理解,凡是工作生活中的麻烦的、不愉快的事儿,都是危乱之地,能避开的时候就要避开。

北宋学者邵雍,字康节,是个有名的大学者,当时人称他为康节先生。宋神宗熙宁初年,王正甫在洛阳当官,负责发放俸禄和军饷。有一天他邀请邵康节和吴处厚、王平甫一起吃饭,邵康节借口有病推辞了。第二天,王正甫来访,询问邵康节为什么推辞,邵康节解释说:“吴处厚这个人好发表议论,常常讥讽王安石实行新法。而王平甫又是王安石的弟弟,虽然不太赞同他哥哥的主张,但如果别人当面骂自己的哥哥,总会觉得不好受,这就是我推辞不去的原因。”王正甫感叹道:“正如先生所料。昨天吴处厚在酒桌上诋毁王安石,王平甫很生气,要把这些话记下来送到官府。我在中间给他们调解,费了好大力气,他们这才作罢。”

邵康节能未卜先知,看出这顿饭必然吃得不愉快,在于他在生活中处处小心留意,对每个人的性情、喜恶都很清楚。这样对于一些烦难之事,就可以做出预见而加以避免。

如果我们要保持自己正常平稳的生活节奏,就千万要注意不可陷进各种是非当中去。生活中各式各样的人都有,有的人天生就喜欢挑起是非和争端。想去影响一个人。改变一个人不容易,但是避开他们则是简单可行的。省去一些不必要的麻烦,我们才有更多的时间和精力去做自己喜欢的事。明哲保身这个词,古人很提倡,现代却已有了回避斗争的消极之意。对于是要做个“明人”还是做个“斗士”的问题历来见仁见智,今天我们不去争辩,你尽可以根据自己的处境、位置和力量的强弱,做出一种切实的选择。

尤其是你刚到一个新的环境时,一切都是陌生的,多观察、多思考、少探听、少说话是尽快适应新环境的最明智之举。

一个人心眼再多、算计再深也有马失前蹄的时候，一般人到此时往往坐叹大势已去而不知如何挽回，真正的聪明人，却懂得防患于未然，让自己的路走得更平稳一些。

方式52 一言一行要经大脑思考

关键词：察颜观色·了解对方·赢得好感

适用情境：与人相交中，需学习运用此方式。

在我们小时候，难受了哭，高兴了笑，心里想什么，脸上马上就显现出来。而对成年人，这种“透明”的表现就不常见了，与人相交，察颜观色，听话听音也就成了必备的功夫。

听话要听音，不管他以什么方式讲出来，基本的框架还是不变的。要是听者在理解上出了偏差，那是自己的“道行”不够。

张宁大学毕业后，在公务员考试中脱颖而出，面试后直接进入某处工作。主管人事的副处长发现张宁是自己校友，便把她找来单独谈了几句话。问过一些老教授的近况之后，副处长道：“你初来乍到，情况不熟悉，先随便看看，多向老科员学习，工作上有什么想法，可以慢慢来。”在副处长心里，机关里的人事关系复杂，这小师妹刚出校门，年轻气盛，别不小心冒犯了前辈，有妨大局。但张宁心思单纯，对由学生到科员的角色转换又不能很快适应，得到上司这句话，越发散漫起来，对各项工作都只是走马观花地看一看。没多久，单位就开始有“新来的大学生每天都东游西逛，不务正业”的闲言。

所谓“拿着棒槌当针”，指的就是言行不经大脑的事儿。本想轻轻点拨一下，结果却适得其反。但是若把这话挑明了，叽叽嘀嘀地提醒她：“咱们这单位不好弄啊！各守一摊，占山为王，你要多加小心，不明白的情况不要乱插手。”这话倒是不容易产生歧义了，可这也不是领导者的做派呀！再说既当了领导，那半含半露的官腔肯定已打得习惯了，话不落实处，就不落把柄，里里外外都是君子。长久看来，肯定还是利多弊少的。既然我们想让身边每个人直接以“口中言”说“心中事”不可能，那么作为一个会听的人，除了将对方所说的话照单全收之外，还要听出其言外之意，尽可能地收集相关的信息。要从说话者的言语中听出背后隐含的信息，把握住说话者的真实意图。

明朝嘉靖年间，皇帝痴迷于修道，不理朝政。奸臣严嵩和其子严世蕃不但写得一手好“青词”（修道者写完后在祭礼中焚烧，向上天祷告的文章），为皇帝所欣赏，而且极尽逢迎讨好之能事。当时皇帝所炼之“仙丹”，严嵩总是主动要求替皇上试服，以致常常药物中毒。这样的“忠臣”，嘉靖皇帝自然非常宠信，连连提拔，很快就将严嵩升为内阁首辅。

一人之下、万人之上的严嵩，贪赃枉法、祸国殃民，而且纠集了一大批党羽，把持朝政。朝野上下的正直之士都敢怒而不敢言。即便是嘉靖皇帝的两个儿子裕王、景王，虽然很厌恶严嵩，但也不敢对他怎么样。内阁次辅（二把手）徐阶，在这样一股气氛下也只能韬光养晦，以待时机。

可有一个人却不计个人安危，毅然向皇帝上书，奏报严嵩的十罪五奸。这个人，就是官至兵部员外郎、被誉为明朝第一铁汉的杨继盛。

杨继盛的这一次弹劾，被人称为“死劾”。在这之前，他焚香沐浴，交待后事。杨继盛的清直之名朝野皆知，处于深宫的嘉靖皇帝也有所听闻；他以死相谏的勇气让世人惊佩，不少人的良知被他所唤醒，准备声援于他；他奏折中所列严嵩的罪状也是查有实据，众人皆知。

可结果是，严嵩未倒，杨继盛却被抓进锦衣卫诏狱，受尽酷刑，3年后被斩于市。

杨继盛的悲剧，表面看起来是他在与一手遮天的严嵩作斗争失利，折于奸臣之手。而事实上，是杨继盛不能体察帝王的心思，犯了大忌而不自知。

在杨继盛的奏折上有一句话“或问于裕、景二王”。裕、景二王都是嘉靖皇帝的儿子，杨继盛是在说，作为大明朝的臣子，检举不法是我的工作职责，我在奏本上所列的严嵩的罪状也都是实实在在的，皇上您要不信，召您的两个儿子裕王、景王一问就清楚了。

问题就在这上面。对于嘉靖皇帝来说，自己还处于春秋鼎盛之势，最怕的就是儿子勾结大臣来逼宫。明朝制度，皇子不得结交大臣，你杨继盛让我去问裕、景二王，是不是他们指示你当先锋，来打击忠心于我的重臣？是不是你想挑起又一轮朝中势力的角逐？如果不是，你拉扯我的两个儿子干什么？藏在你背后的那汪水，究竟有多深？

杨继盛的本意只是想加重自己这份奏报的分量，以为只要裕、景二王一出面作证，严嵩就罪责难逃了。哪知就这么一句话，倒是让嘉靖皇帝又结结实实地护了一回严嵩的短。

杨继盛的失败，不在于是非对错、力量大小，而在于他对政治的敏感性不够。拿错了"钥匙"，自然就打不开那扇门。

今天，在我们身边生死存亡的斗争并不常有，但是一些是是非非依然存在。要保全自己，你应该先静下心来，确定别人——尤其是能决定你前程的人想要什么，他希望留给你什么印象，或希望你喜欢他，还是尊敬他。这样，才能不犯那些南辕北辙的错误。

学会察颜观色，留意对方身边的事物，从中了解他的心态，并把话说到他的心坎上，才能赢得对方的好感。这时，你无论办什么事，都会顺利得多。

方式53 察识事态的轻重缓急，做出迅速灵巧的反应

关键词：察颜观色·识事态·巧应变

适用情境：在千变万化的生活中，任何时候都需学习运用此方式。

在千变万化的生活中，我们什么样的怪问题、什么样的棘手事都可能碰到，而对付这些问题的最佳方案，就是察识事态的轻重缓急，做出迅速灵巧的应变，

切不可被某件事困死而陷于被动，自然，这种把握局面的能力也将会使你走出困境，走向成功。

在人际交往中，有时由于双方身份不同或处境不同，可能使一方处于十分不利的地位。当势力强大的一方故意发难时，弱方用硬碰硬的办法与之争斗是会吃亏的。要想坚持原则又能获取胜利，最好的办法就是以软击硬、绵里藏针的手段去与对手周旋。

武则天原名武媚娘，本是唐太宗宫里的才人，太宗对她倍加宠幸。公元**694**年，唐太宗因误服金石丹药一病不起，他自己明白将不久于人世，但又舍不得才貌过人的武媚娘，于是便有让武媚娘殉葬的意思。这天太宗对武媚娘说："你侍候寡人多年，寡人也最宠爱你。寡人想效法古代帝王的葬礼……"话没说完，太宗又咳嗽起来。聪明绝顶的武媚娘稍加思索，立刻说："万岁，安心养病吧！臣妾明白万岁的心情。只是万岁您思虑太多，万岁是英明君主，恩德好比太阳的光芒普照人间大地。古人云：大德之人，必得长寿。万岁的龙体目前虽有小恙，很快就会康复的，我根本没想到万岁会舍下臣妾。我生与万岁共享人间富贵，死与万岁同坟共穴。臣妾现已下决心，立即去感业寺削发为尼，念经拜佛，为万岁祈祷长生不老。"听到武媚娘这么说，太宗只得应允。

武媚娘凭自己的聪明才智，避免了太宗口中要说出的"殉葬"二字。金口玉言那是天命，被武媚娘当机立断、伶牙俐齿地巧妙转移了棘手的话题。终于，武媚娘得以死里逃生。

在我们的地位和力量都微不足道的特定环境下，就需要思维敏捷，应变能力强，善于随风使舵。

封伦是隋朝的大臣，隋朝立国不久，隋文帝命令宰相杨素负责修建宫殿，杨素任命封伦为土木监，将整个工程全交给他主持。封伦不惜民力，穷奢极侈，将一所宫殿修建得豪华无比。那个一向以节俭自我标榜的隋文帝一见不由大怒，骂道："杨素这老东西存心不良，耗费大量的人力物力，将宫殿修建得这么华丽，这不是让老百姓骂我吗？"

杨素害怕因这件事而丢了乌纱帽，忙向封伦商量对策。封伦却胸有成竹地安慰杨素道："宰相别着急，等皇后一来，必定会对你大加褒奖。"

第二天，杨素被召入新宫殿，皇后独孤氏果然夸赞他道："宰相知道我们夫妻年纪大了，也没什么开心的事了，所以下工夫将这所宫殿装饰了一番，这种忠心真令我感动！"

封伦的话果然被应验了。杨素对他料事如神很觉惊异，从宫里回来后便问他："你怎么会估计到这一点？"

封伦不慌不忙地说："皇上自然是天性节俭，所以一见这宫殿便会发脾气，可他事事处处总听皇后的。皇后是个妇道人家，什么事都贪图个华贵漂亮，只要皇后一喜欢，皇帝的意见也必然会随之改变，所以我估计不会出问题。"

杨素也算得上是个老谋深算的人物了，对此也不能不叹服道："揣摩之才，不是我所能比得上的！"从此对封伦另眼看待，并多次指着宰相的交椅说："封郎必定会占据我这个位置！"

可还没等封伦爬上宰相的位，隋朝便灭亡了，他归顺了唐朝，又开始揣摩新的主子了。有一次，他随唐高祖李渊出游，途经秦始皇的墓地，看到这座连绵数十里、墓中随葬珍宝极为丰富的著名陵园，经过战争之后，破坏殆尽，只剩下了残砖碎瓦。李渊不禁感慨万分："古代帝王，耗尽百姓国家的人力财力，大肆营建陵园，有什么益处！"

封伦一听这话，明白了李渊是不赞同厚葬的了，这个曾以建筑穷奢极侈而自鸣得意的家伙立刻便换了一副面孔，迎合地说："上行下效，影响了一代又一代的风气。自秦汉两朝帝王实行厚葬以来，朝中百官、黎民百姓竞相仿效。古代坟墓，凡是里面埋藏有众多珍宝的，都很快被人盗掘。若是人死而无知，厚葬全都是白白地浪费；若人死而有知，被人挖掘，难道不痛心吗？"

李渊称赞他说得太好了，对他说："从今以后，自上至下，全都实行薄葬！"

封伦的为人，当然有可商榷处，但他顺应大势、借风使船的做法却值得我们好好玩味。

让上司看着顺心顺眼的小人，不是只用"谄媚"二字就可以概括的，他们必须能清楚地体察上司的心思好恶，并且具备做好实事的能力和水平。谁都愿意做个坦坦荡荡的君子，但是在做不成君子的环境里，我们也要拥有一定的生存能力。世上有很多事，不是非黑即白那么简单，先低头，才可能在以后抬头。

方式54 制造些小意外，快速看透对方的内心

关键词：察颜观色·看透内心·制造意外

适用情境：当想快速看透对方的心理时，需运用此方式。

在这个纷繁复杂、瞬息万变的社会中，我们无时无刻不在与他人进行着沟通和交往。如何在人生这所大学里绕过波涛汹涌的暗流，穿过错综复杂的礁石，游刃有余地穿行，这就需要你具有敏锐的洞察力，有能一眼看透人心理并能通过言语和行为操纵他人的能力了。

快速地看透人的内心，才能使自己对周围的人或事迅速做出判断，才有利于自己采取适当的行动，才能充分了解他人的长短优劣，在交往中才能提前想好交往的下一步对策，让事情按照你的意愿发展，以实现“知其心而制其人”。这些正是人际交往的玄机所在。只要你掌握了这些，在变幻莫测的环境中，你才能以不变应万变，顺利地达到自己的交往目的。

从前，有一位大师收了很多徒弟，所有徒弟都怀抱获得启蒙的巨大愿望。然而，他们各个为所欲为、你争我斗。

这位大师表面上对他们的越轨行为视而不见，不闻不问，让他们放任自流地搞一些小恶作剧。可说不定什么时候，他就会突然以迅雷不及掩耳之势出击，狠狠地教训那些冒犯者，有时候竟然用皮鞭抽打徒弟，以使他难忘这一教训。

目击者兴许会相信这位大师的举动是凶暴残忍的。可是，他的徒弟们却由衷地爱戴这位大师，感激大师的教诲。

做一些表面看来毫无意义甚至愚蠢的事情，可以麻痹敌人，分散敌人的注

意力，然后趁机行动。这种蒙蔽方法其目的就在于扰乱对手的视线，就好像是虚晃一枪的障眼法。另外，这些假的意外动作也是隐藏自己实力的方法，以此便可达到迷惑敌人的目的。

特别是在对付那些个性软弱的人时，这些人往往害怕担当责任，害怕出现意外，不敢面对事实。于是，在考虑一件事情的时候他就会患得患失，瞻前顾后，难以做出最终的决定。这就要制造一点意外对他旁敲侧击，使他快速地答应你的要求了。

比如，在交谈时，有的人就喜欢信笔乱画，这不论对自己还是对对方的心理，都能产生效果。对自己来说，在纸上随意乱画的这种无意识的手部动作，能够自然地缓解初次见面的紧张，恢复自我。至于给对方带来的心理效果，则会搅乱对方的情绪，这种心不在焉的小动作，就会让对方产生一种被轻视的心情。感觉到被轻视，反过来说就等于承认了对方的优势。

其实，故意制造一些小意外，除了能制胜外，还能用于防守，进行自我保护。我们知道捕杀按直线飞行的鸟儿容易，捕杀变换路线的鸟儿却很难。如不怀好意的人想算计你，你务必经常改变举动的方式方法，使其迷惑，才能棋高一着。棋艺高超者从不走正中敌手下怀的棋子，更不会让敌人牵着鼻子下棋。反之，你若按习惯一成不变地行事，别人就会摸着你的规律，欲想加害易如反掌。

知彼知己，百战百胜，这是一定不易之理。孙子打仗时的观念就是：“兵者，诡道也。”主张兵不厌诈，要隐藏自己的实力，迷惑敌人的视线，然后再“攻其无备，出其不意。”其实做事时也是这样，当你避开了对手的锐气，扰乱了对方的情绪，那么你就可以乘虚而入了，这就是所谓的“避实击虚”的策略。

在这种情况下，对方就会感到某种意外，而一时阵脚大乱。这时，你趁机提出自己新的要求，并把这些要求解释得相当合乎情理，而对方又急于达成协议，你的计谋就很有可能获得成功了。

值得注意的是，在运用这种方法时一定要谨慎，因为这么做会造成不友好的气氛，使对方陷入尴尬的境地而损害双方良好的人际关系。所以，除非十分必要，不要轻易使用这一策略。

故意制造一些小意外能激起敌人的好奇心，进而使其猜疑，达到分散对手心绪的目的，甚至还可以缓解自己的紧张。

第七章

恰到好处地把握机遇

掂量好自己，该出手时再出手

机遇之所以成为机遇，是人们在生活中偶遇知音、被某人提携，或者紧要关头经受了困难的考验，使之得以崭露头角，从此踏上成功之路。机遇就像原料、劳动力或财力等商业元素一样的真实，但是只有你看得见它的时候，它才存在。一句话，机遇是在意料之外，又在情理之中。

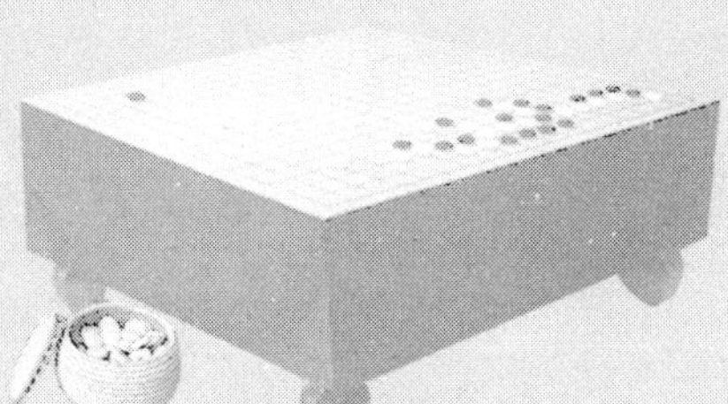

方式55 不要与机遇擦肩而过

关键词：把握机遇·抓住机遇·错过机遇

适用情境：当面临机遇时，需学习运用此方式。

西班牙著名作家塞万提斯经典作品《唐吉可德》中有一句经典的台词："有关着的门就有开着的门。"那扇为我们敞开着的大门，就是机遇。

学会把握机遇，这是人生的一大重要课题。时机的珍贵，就在于它稍纵即逝，得来不易；时机的价值，就在于它创造机缘，使人们走向辉煌。

机遇的出现是没有规律可以遵循的。善于抓住机遇的人，处处是机遇；轻视机遇的人，即使良机来敲门，也会错过。

有一位单身汉希望在有生之年能得到真正的幸福，哪怕只有一次也好。于是他开始日复一日地向神灵祈祷。他的诚意终于感动了天神。

一天晚上，幸福女神敲开了单身汉家的大门，单身汉十分高兴，连忙请她入内。可是，美丽的幸福女神却指着她身后的另一位丑陋的女子说："还有一位，这是我的妹妹，我们是一起出来旅行的。"

单身汉惊讶地看着这位奇丑无比与幸福女神天壤之别的女子，疑惑地问女神："她真是你的亲妹妹吗？"

"是呀，她是不幸女神。"

单身汉听了之后，便说："请您进屋里来坐，不过，还是请她先回去吧。"

"这怎么行，我们无论走到哪里，都是连在一起分不开的，我不能单独留下来！"

幸福女神见单身汉犹犹豫豫，便说："若有不便，我们只有告辞了。"

最后，单身汉不知所措地望着姊妹两人飘然而去的背影，错过了得到幸福的机遇。

在做事时,我们也难免像这位单身汉,当幸福女神前来光顾时不能把握住机遇。如果把机遇看成是某种资源的话,我们会发现机遇的损耗最大。

《人生成本论》一书这样解释"机遇":"生命的流程像一条线,机遇则是一个点,没有流程线,就没有机遇的点。或者可以这样说,'机'是一条线,'遇'是一个点。'机'未必都能够遇,'遇'则必须有机。'机'是为'遇'交付的成本,'遇'是'机'的结果。"作者接着用具体的事物进一步说,人们曾有过一个比喻,把握市场好比老鹰捕兔子,市场机遇稍纵即逝。要捕捉到狡猾的兔子,老鹰必须做到稳、准、狠。机遇好像兔子,它是动态的,决不是静止的,机遇的性格就是谁也不等待。老鹰在天上盘旋,只能说是"机",老鹰捕捉到兔子那一刹那才是"遇"。

客观事物是不断发展变化的,伴随着这一发展过程的机遇也是不断出现、不断消失的。客观世界生生不息,机遇也永无止境。对机遇必须有认识能力,有驾驭能力,不要与机遇擦身而过。

方式56 时刻做好捕捉机遇的准备

关键词:掌握机遇·捕捉机遇·做好准备

适用情境:想成功者,都需学习运用此方式。

机遇偏爱那些有所准备的大脑。人生要能掌握机遇,所以当机遇来临时,必须多去尝试,若没有心理准备,即使再好的机遇也会溜掉。机遇一旦失去,便难以找回。

有的人一味地把自己的不如意归结为"运气不好",这只是给自己的疏懒找个借口。如果你在失败者的队伍中询问他们失败的原因,他们的大多数人将会说,他们之所以失败,是因为没有机遇,没有人帮助、提拔他们。他们会说,优秀的人太多了,高等的职位已被别人占据,一切好的机遇都已被别人捷足先登,所以他们毫无机遇了。

能够成功的人却不会如此推托。他们默默地工作，他们不怨天尤人。他们稳扎稳打，他们不指望别人的帮助，他们依靠的是自己。

在一次胜利之后，有人问亚历山大："假如有机遇，你想不想把第二个城堡攻下来？""什么？机遇？我从来不等待机遇，我会去制造机遇！"

一般人等待机遇以至于成为一种习惯，这真是很可怕的事。工作的热情与精力，就在等待中逐渐消磨。那些不肯工作而只会胡思乱想的人是根本看不到机遇的，只是那些勤恳工作奋发向上的人，才有看见机遇的可能。

有一个不会游泳的人来到海边，他认为即使他不会游泳也不会淹死，因为他相信上帝会在重要时刻来解救他。就在他快被淹死的时候，有一艘船经过，船上的人叫他赶快上船，他回答："不用了，上帝一定会来救我的。"这个人一直在海中挣扎，这时又来了另一艘船，船上的人又叫他赶快上船，他还是回答说："不用了，上帝一定会来救我的。"

就在这千钧一发的生死关头，空中飞来了一架直升机，一根绳子从空中放了下来，机上人员告诉他："朋友快上来吧！你会被淹死的。"这个人还是回答说："不用了，上帝一定会来救我的。"因为他错过了许多获救的机遇，最后还是被淹死了。到了天堂，他很不服气地责问上帝为什么不肯来救他，上帝说："我派了两艘船、一架直升机，是你自己没有把握住机遇。"

在平常的生活中，也许已经有许多机遇在等待着我们，或许机遇就在眼前；或许在你的问题当中，就隐藏了一个机遇，然而，你却一直忽略了它们。

也许机遇在你目前这份工作中。有些人经常换工作，总是觉得公司不对，老板不对，主管不对，产品不对，制度不对，服务系统不对，他从来没有研究问题可能在他自己身上。因此，不管怎么换工作，问题还是在他自己身上，问题没有解决，所以对他来讲，一点都没有办法突破。

你不妨从身边开始，找寻下一个成功的机遇，或是把握住现在的机遇，把它做到最好。

机遇不会主动上门，坐等是消极的做法。屠格涅夫说："等待的方法有两种，一种是什么事也不做地空等，另一种是一边等，一边把事情向前推动。"也就是说，在机遇还没有来临时，就应事事用心，事事尽力。

中国科技大学校长、中科院院士朱清时在大三时被分配到青海做铸造工人。其他分配到厂里的同学大多放弃了学业，整天打扑克、喝酒，但朱清时依然坚持学习数理化和英语。6年后，中国科学院决定在青海做一个重要的项目，这时，朱清时脱颖而出，开始了他辉煌的事业。

很多人可能说朱清时运气好，因为被分配到缺乏人才的青海才有这样的机会。但是，如果他没有积极地学习，也无法得到这个机遇。所以，只有做好充分的准备，才能在机遇来临时紧紧抓住，取得成功。

如果遭遇苦难或挫折，要学着把挫折转换成动力，而不是一遇到困境就躲在阴暗的角落里怨天尤人，更不要在需要立即行动的时候犹豫不决，人生不能用这种消极的方式度过。人终有一天要面对自己，对自己的生命负责。因此，一定要在平时做好充分的准备，掌握足够的信息，以便在必要时做出最好的抉择，把握住稍纵即逝的机遇。

方式57 机遇来临，要及时出手紧紧抓住

关键词：把握机遇·抓住机遇·积极行动

适用情境：想成为成功人士者，需学习运用此方式。

失败者谈论起别人获得的成功，总会满腹不平地说："人家如何如何凭运气……赶上了好时光……"他们不采取行动，总是期待有一天自己会走运，期待成功降临在自己头上，他们认为成功者总是一帆风顺的，而自己的命运总是一路红灯。他们除了怨天尤人之外，什么也不去做。而成功者从来不等待、不拖延，更不会等到"有朝一日"再去行动，而是今天就去做。他们忙忙碌碌干好一天之后，第二天又接着去干，不断经历着努力、失败，直到取得成功。

有一位美国女孩，她从念大学起，就一直梦寐以求想当一名电视台的节目

主持人。她觉得自己具有这方面的才干，因为每当她和别人相处时，即使陌生人也愿意亲近她并和她畅谈，她知道怎样掏出别人的心里话。她的朋友们都称她是“亲密的、随身的精神医生”。她自己常说：“只要有人愿意给我一个上电视的机遇，我相信自己一定能够成功。”

但是，她为自己的理想做了什么呢？其实什么也没做，她空有理想，却只在等待奇迹出现，好像当节目主持人是迟早的事情。

她不切实际地等待着，直到生活磨灭了她的所有理想，结果什么也没有发生，因为谁也不会请一个毫无经验的人去担任电视节目主持人。况且，节目主管也没有兴趣与时间跑到外面去搜寻天才，向来是别人去找他们。

这个女孩的失败就在于她在10年当中，一直停留在幻想上，坐等机遇，期待时来运转。守株待兔得来的永远只有一只兔子，只有积极地行动，才会获得成百上千只兔子。机遇不会从天而降，需要自己去争取，需要自己去创造。

有些人之所以喜欢等待，不外乎两种情况：

1. 等待贵人扶持；

2. 等待一切预备妥当。

出门遇贵人，是值得庆幸的事。通常遇贵人是运气，是偶然的意外，可就偏偏有人误认为那是必然事件。于是，什么也不干，只等贵人出现，满以为靠贵人的提携，自己就可以不费吹灰之力出人头地了。

这种等待贵人出现的心态，其实是希望不劳而获，吃免费的午餐，与守株待兔无异。这种心态也成为他不去努力的借口，引导着自己越走越远。

不难发现，在生活中存在着这样一个真理：积极行动的人不一定会获得机遇，但能够抓住机遇的人一定付出了积极的行动。

要记住，不管你成了什么人或者你是什么人，如果你发现了机遇，就要立即行动，只有这样你才能走向成功。

要想抓住机遇，就必须立即行动。积极行动才能抓住机遇，没有行动就永远没有机遇。有时，立即行动的决定能使你最荒诞的梦想成真。

方式58 机遇面前需谨慎

关键词：冒险·谨慎·机遇

适用情境：机遇来临时，需运用此方式。

“明知山有虎，偏向虎山行。”敢于冒险、敢作敢为，是成功者的一个重要特征。而失败的人要求永远不犯错，这其实正是什么也做不成的原因。就好像一封信始终不写是因为还没想好恰当的措辞，万一永远想不起来，不是永远也写不成了吗？所以，如果是这样的话，就需要改掉这种坏习惯。

一位社会学家曾精辟地将社会人群分为以下4类。

第一类人像医生。他的大部分时间是用来对付已经发生的问题和当前棘手的难题，即所谓的头痛医头、脚痛医脚。此类人对寻求机会也不积极。

第二类人像火车司机。他只能在既定的轨道上定时、定点、定方向地行驶，他的最佳工作效果只不过是将指派的工作完成得尽善尽美。此类人对机会没有强烈的反应。

第三类人像农民。他总是希望在有限的土地上取得最大的收益。这类人善于钻营，不过他的活动区域只限于一定的范围，缺乏冒险精神。

第四类人像渔夫。这类人最敢于冒风险，作业范围广，但不能保证一定有收获。这类人是最积极地发掘机会和最敢于冒风险的人。

机会只属于能够积极发掘机会和敢于冒风险的人。“不入虎穴，焉得虎子。”如果风险小，许多人都会争先恐后地追求这种机会；如果风险大，许多人就会望而却步，甚至连想都不敢想，这是少数敢于冒风险者获得最大利益的好时机。所以，也可以说，机遇有时就是对人们所承担的风险的相应补偿。

当然冒险不等于莽撞，在冒险中需有谨慎的态度。有了谨慎的态度，跌的跤肯定会少一些。当然，在复杂多变的现代社会，处处谨小慎微，不敢去做前人未做过的事，不敢去攀登前人未曾攀登过的高峰，当然就无从体验冒险的刺激与成功的喜悦，结果只能是永远也不会有什么作为。

歌德年轻时希望成为一个世界闻名的画家，为此他一直沉溺于那变幻无穷的世界中难以自拔。40岁那年，歌德游历意大利，看到了真正的造型艺术杰作后，他终于恍然大悟：放弃绘画，转攻文学。虽然他知道自己这样做是一种冒险，但他认为自己已无退路。

经过不断的学习和摸索，歌德日后成为一位伟大的诗人。纵观古今中外名人的成才史，大多数人都有过冒险的经历：马克思曾经是诗人、鲁迅曾去日本学医、安徒生曾是演员，但他们比常人高明的地方在于：他们不怕冒险，能及时地调整自己的方向。

从冒险到成功需要一个过程，甚至是一个痛苦的、付出了艰辛代价的探索过程。歌德曾感慨道："要发现自己多不容易，我差不多花了半生光阴。"

在我们身边确有不少人，他们为偏见与迷信的桎梏所束缚，盲目到不自知，反而说别人不自由。冒险与危机具有深层次的关联，危机就是危险之中蕴藏着的机遇。机遇与成功，往往存在于危险之中。你想要美好的机遇吗？你想要事业的成就，那就要敢冒风险，不要瞻前顾后，不要害怕失败。

方式59 多用点心思，多走几步路，就会钓到大鱼

关键词：撑握机遇·多用心思·放长线

适用情境：想成为成功人士者，需学习运用此方式。

英国首相伊·乔治曾说："钓钩上悬挂的，必定是鱼儿爱吃的饵。"这就是明确告诉我们，要想做事有成绩，就不要顾惜那一点点鱼饵，要学会"放长钱，钓大鱼"。

唐代京城中有位窦公，聪明伶俐，极善理财，但他却财力绵薄，难以施展赚钱本领。没有办法，他先从小处赚起。

他在京城中四处逛荡，寻求赚钱门路。某日来到郊外，却见青山绿水，风景极美，有一座大宅院，房屋严整。一打听，原来是一权要宦官的外宅。他来到宅院后花园墙外。但见一水塘，塘水清澈，直通小河，有水进，有水出，但因无人管理，显得有点零乱肮脏。窦公心想：生财路来了。

于是，窦公找到了水塘主人，并以很低的价钱买下了那块不中用的闲地。

窦公买到了水塘，又凑借了些钱，请人把水塘砌上了石岸，疏通了进出的水道，种上了莲藕，放养上了金鱼，还在四周围上了篱笆，种上了各种玫瑰。

第二年春，那名权要宦官休假在家，逛后花园时闻到花香，到花园后一看，直馋得他流口水。窦公知道鱼儿上钩了，便立即将此地奉送给了这个权要。这样一来，两人就成了朋友。

一天，窦公装作无意地谈起他想到江南走走，这位宦官忙说："我给您写几封信，让地方官吏多加照应。"于是，窦公带了这几封信，往来于几个州县，贱买贵卖，又有官府撑腰，不几年便赚了大钱。

而后，他又回到了京师。因为他早已看上了皇宫东南处一大片的低洼地，那里因地势低洼，地价并不贵。窦公买到手之后，便雇人从邻近的高地取土填平，然后又在上面建造了馆驿，专门接待外国商人，并极力模仿不同国度的不同房舍形式和招待方式。所以，一经建成，便顾客盈门，连那些遣唐使们也乐意来往。

于是，他又开辟出了一条街来，把这条街建成"长安第一游乐街"，日夜游人爆满。不出几年，窦公又挣了为数不少的钱，成了海内首富。

善于放长线、钓大鱼的人，看到大鱼上钩之后，总是不急着收钱扬竿，把鱼甩到岸上。他会按捺下心头的喜悦，不慌不忙地收几下线，慢慢把鱼拉近岸边；一旦大鱼挣扎，便又放松钓线，让鱼游窜几下，再又慢慢收钓。如此一收一驰，待到大鱼精疲力尽，无力挣扎，才将它拉近岸边，用提网兜拽上岸。

人情操纵也是一样，如果追得太紧，别人反而会一口回绝你的请求，只有耐心等待，才会有成功的喜讯来临。窦公为了钓到宦官不惜血本做钓饵，又耐性极好，鱼儿上了钩竟然浑不知觉。他的这种技巧就是“放长线，钓大鱼”。

人世间的是是非非，尽管错综复杂，却也不是毫无轨迹可循，只要你对这些人情事理上的“轨迹”掌握得愈深入，也必然越有趋吉避凶或主宰未来的能力与机会。而且，这种“轨迹”也在不断地生成演化之中。所以，对于每个人来说，都或多或少地有一些对这种轨迹的敏感性和掌握能力，只是或通透或肤浅，程度各有不同罢了。

所谓高明、有智慧的人，不过是具有较能精确掌握这种轨迹能力的人。能够见人所未见，并且能够创造形势，以利于自己的未来与期望。而平凡人之所以为平凡人，就是因为对于轨迹充满片断之见，或者常常错误连结，以至于少能“漂亮”演出，做出“精彩”判断。这虽然无伤大雅，却往往使人沦为“智慧”舞台的观众。

特伦斯曾说:“真正的智慧不在于洞察眼前的一切，而在于预见即将发生的事。”对凡事都不用心思，不愿多想几条路，总抱着水来土掩、谁怕谁的老大心态，根本是一种偷懒、鸵鸟的行为，如此也会常常跌得鼻青脸肿，总会遇上令人意外的事。要成功，看得远，会放长线，是人少不了的对于人情世故精算的功夫。

不要抱怨自己没机会，其实机会数不胜数，就在每个人的身边，多用点心思，多想几步走法，你就会找到“钓大鱼”的方法。

方式60 不要躺在“欲速则不达”的温床里睡大觉

关键词: 把握机遇·抓住机遇·付诸行动

适用情境: 机遇面前总是懒于出手者，需学习运用此方式。

这是一个效率优先的时代，没有什么事情不需要速度。

机遇对每个人来说都很重要，可机遇只在人间停留短短的一瞬，你看见了机遇，可是你却东张西望，于是你和机遇失之交臂。

“兵贵神速”这个成语来源于《三国志·魏书·郭嘉传》。这则成语就是说，用兵神速，出其不意，攻其无备，就会取得胜利。

相传当时曹操打败了据有冀、青、幽、并四州的袁绍，杀了袁绍的长子袁谭，袁绍的另外两个儿子袁尚、袁熙逃走，投奔辽河流域的乌丸族首领蹋顿单于。蹋顿乘机侵扰汉朝边境，破坏边境地区人民的正常生产和生活。曹操有心要去征讨袁尚及蹋顿，但有些官员担心远征之后，荆州的刘表会乘机派刘备来袭击曹操的后方。

郭嘉分析了当时的形势，对曹操说：“您现在威镇天下，但乌丸仗着地处边远地区，缺少防备。如果进行突然袭击，一定能消灭他们。而如果延误时机，让袁尚、袁熙喘过气来，重新收集残部，乌丸各族响应，蹋顿有了野心，只怕我们连冀州、青州也会失去。刘表是个空谈家，知道自己才能不及刘备，不会重用刘备，刘备不受重用，也就不会为刘表出力。所以你只管放心远征乌丸，不必有后顾之忧。”

曹操采纳了郭嘉的建议，于是率领军队出征。到达易县后，郭嘉又对曹操说：“用兵贵在神速。现在到千里之外的地方作战，军用物资多，行军速度就慢，如果乌丸人知道我军的情况，就会有所准备。不如留下笨重的军械物资，轻装上阵，以加倍的速度前进，乘敌人没有防备发起进攻，那就能大获全胜。”

不要以为某某大师花上几十年的时间和精神完成一件杰作是多么了不起的事情。其实他是一边做这件作品，一边做别的事情。没有哪个大师在灵感来临的时候会把灵感搁置在一边去干其他的事情。如果有，那他肯定不是大师。真正的大师都会在最短的时间内把杰作奉献给大家。

曹操依郭嘉的计策办，部队快速行军，直达蹋顿单于驻地。乌丸人惊慌失措地应战，一败涂地。蹋顿被杀，袁尚、袁熙逃往辽东后被太守孙康所杀。

这个故事就告诉我们，兵贵神速，欲速也可达。然而，古人尚且知道速度的重要性，在这样一个效率优先的时代，我们更应该懂得时间就是生命，速度就是效率。

没有什么事情不需要速度。不要以为只有你一个人在做这件事情，你和所有的人处于同一起跑线上，你稍微一停留，就会被别人甩得很远。不要以为某一个想法是你想出来的就一定属于你，当你高枕无忧的时候，别人早已将想法付诸实践了。

不要总以为车到山前必有路，这样的侥幸心态实在不可取，做事之前一定要未雨绸缪，一定要做好各方面的准备工作。

甲和乙同是摄影爱好者，这一天他们相约来到泰山拍摄日出。

经过一个晚上的攀登，他们都疲惫不堪。甲看了看时间，还有一个多小时太阳就会出来，于是顾不上休息，开始做准备工作。他支好三脚架，放好相机，安上快门线，调好焦距，万事俱备，只欠东风，甲仍然不敢大意，眼睛一眨也不眨地盯着前方，静静地等待着日出。

而乙呢，也开始做准备，只是他准备的是，支好简易帐篷，躺在里面睡觉。他想，甲所做的那些准备工作，自己都轻车熟路，几分钟就可以搞定，何必那么着急呢！于是乙决定日出前5分钟再做准备工作。

也许老天是想惩罚那些投机取巧、自以为是的人吧，这次的日出比研究人员测算的时间竟然早了半个小时。由于甲早做好了准备，成功地拍摄到了惊心动魄的日出。

乙在“太阳出来了”的呼声中醒了，他想，糟了，便赶紧从帐篷里跑了出来，可是等他做好准备工作时，太阳已经被乌云遮住了。乙捶胸顿足，悔之晚矣。

车到山前必有路，这其实是我们为自己的懒惰寻找的一个借口，本应该今天办的事情我们却拖到明天，这是我们为自己的未来虚拟的一个依靠，我们枕着它终日沉溺于缥缈的幻想之中，于是我们生命的光阴便一寸一寸地消耗在自以为逍遥无忧的日子中。

我们习惯了等待，习惯了等待每一天都会发生奇迹，习惯了等待每一个人都会为自己创造奇迹。我们的意志就在这一次又一次的等待中日渐消磨。可是有一天当你一个人来到山前的时候，你会惊讶沮丧地发现，矗立在你面前的山巍峨无比，根本没有你可以走的路。

如果“车到山前必有路”已在你心中根深蒂固，那就请你马上跳出这个陷阱，现在所要告诉你的就是：车到山前没有路。

机遇，只会青睐那些一直在准备，并且能够马上付诸行动的人。躺在“欲速则不达”的温床里睡大觉，只会在别人传来欢呼声的时候，自己只能发出一声叹息。

第八章

恰到好处地落实行动

做事要“动”，没有“动”，再高远的志向都等于零

对于理想和现实的关系，先贤早有训示，一方面要志存高远，“王侯将相，宁有种乎”；另一方面要踏实做人，“一屋不扫，何以扫天下”。每一个寻求发展的人，在主观认知上当然要有高度，但应随时检验自己的行动是否与现实脱节。

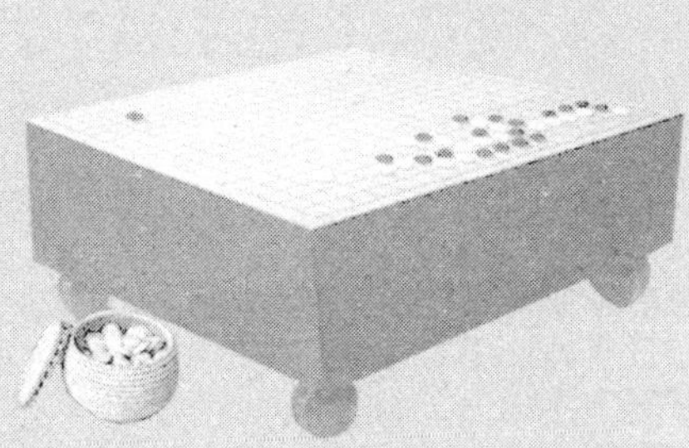

方式61 落实行动要谨慎，不可冒失

关键词：落实行动·谨慎小心·冒险

适用情境：在落实行动时，需学习运用此方式。

古人高呼“王侯将相，宁有种乎？”期待颠覆旧秩序，成为新贵族；现代人高呼“天下财富，宁有主乎？”渴望能痛痛快快地拼搏一把，成为下一轮的富人。

这种思想本身并没错，没有谁天生是应该受苦的，追求财富是我们每一个人的基本权利之一。那么什么才是最为快捷有效的致富渠道呢？是普通的选择，还是自主创业？自己掌控自己的命运，成为财富的主人。

“现在当老板”的言论痛快淋漓，振臂一呼，响应者如云，哪个年轻人不希望自己的日子马上发生根本性的变化？当有人在墙壁上凿了一扇门的时候，大家都以为真正的光明就在眼前了，不管它多窄，都不惜代价地往前挤，好像过了这一关，前方就一片通途。要是事情这么简单，世间也就没那么多贫富强弱的分化了。不要以为别人在某个领域成功了，我们照方抓药，也必定会成功。这种盲目性，本身缺乏对事物的独立分析和判断，蕴藏着极大的风险。静下来想一想，即使同样的事情，不同的人去做，也会有不同的结果。每个人的素质、条件、思路、做法各不相同，怎么能保证产生同样的结果呢？

不要因为在某个行业干过，已经熟悉了公司的运作，就以为可以另起炉灶，开创自己的事业了。当然这是一件好事，但是给人打工和自己当老板是不同的，如果你还没做好全面的准备就轻易涉足某个领域，充其量也只是个有勇无谋的愣头小子罢了。

有一位美术学院的大学生，毕业后分配到一家杂志社当美术编辑。他每日的工作不过是画画插图、搞搞版式设计而已，轻车熟路，得心应手，受到上司和同事的好评。但是干了一年，他嫌薪金少，毅然辞职，自己开了一家美工装饰部。

开业才几日，就承接了一笔十多万元的装潢业务。他组织了十来个人，夜以继日地干起来了。一个月后，装潢工程干完了，他不仅分文未赚，反而蚀本两万余元！

谁都知道装潢业务利润极丰，为什么他竟会蚀本呢？其实道理很简单，同样一种生意，同样的条件，懂行的做会赚钱，而外行做肯定赔钱。那位搞装潢的大学生，在画画方面他是内行，但画画与搞装潢完全是两回事。他连工程预算都没接触过，更不了解人工、原材料等方面的知识，盲目地签了合同，赔本在所难免。

一个人从零开始，或从做工、做学问到经商，是一个很大的飞跃，二者在许多方面都是截然不同的。有时候，甚至要经历相当一段时间的失败和探索，才能找到一条适合自己的道路。

梁稳根因为企业股权改革获得了 2005 年 CCTV 经济年度人物奖。评委会的评语是：他花了 19 年时间，把创业梦想耕耘成中国经济改革的试验田，2005 年，他第一家推出股权分置改革方案，他以产业报国的成功向我们印证——穷则变，变则通。

在创建三一集团之前，梁稳根在湖南洪源机械厂工作，因为国有企业的制度与自己的个性不合，他与几个志同道合者“下海”成立了公司。

当时他们 4 个人中有 3 个人在一个地方买羊，梁稳根在家里指挥。当时也没有电子邮件和电话，所以他就打了一个电报说“羊不要毛留”。结果发电报的人很奇怪，问：羊不要毛如何留？梁稳根只好解释给他听：在那里买的几十只羊暂时不要，跟我们一起参加创业的毛先生还要在那里继续留一段时间。因为当时没有钱，所以才会如此省略。

后来他们又去卖酒，再后来感觉玻璃纤维很赚钱，又去做玻璃纤维生意，但结果都以失败告终，几乎到了山穷水尽的地步。最后几个人坐到一起，反复讨论为什么会失败，觉得贩羊、做酒和玻璃纤维都不是自己的长项。要获得成功，还是要在自己熟悉的领域寻求突破，他们这才决定应该做金属材料，总算将一只快要沉在商海里的小船稳定下来。

即使是不折不扣的成功人士，在他们的创业过程中也不可避免地要经历一些“不成功阶段”。作为后来者的年轻人，在做出“自己当老板”的决定之前，更应该做好全面的心理准备。

首先你要问自己：能不能顶得住失败的风险。看清楚冒风险所要预备付出失败的代价，可以使我们的头脑更清醒，一旦真正面临危机时，不至于惊慌失措。

在职业方面，自主创业的人需要放弃稳定的收入、升迁的机会。如果创业失败，不得已而做原来的工作，他就损失年薪。若转做其他工作，多年累积的工作经验可能派不上用场。

在情绪方面，创业者需长期面对巨大的工作压力、可能失败的压力，长期在高度紧张的状态下工作。

创业的目的，总是以追求利润为原则的，所以无论是保持着现实、理想，甚至梦想的态度来经营事业都未尝不可，但总不能将经营计划过于单纯化。正确的创业态度不应该避讳失败，这不是吓唬那些创业者们，而是说凡事应以知己知彼为原则，避免那种冒冒失失的蛮干。

方式62 落实行动要脚踏实地，一步一个脚印

关键词：落实行动·脚踏实地·发现机会

适用情境：年轻人刚刚步入社会时，需学习运用此方式。

人有抱负是好事，只想一鸣惊人的想法却不可取。生活中那些自命清高、不屑从低层做起的人，永远都无法完成自己的原始积累。等到忽然有一天，他看见比自己起步晚的，比自己天资差的，都已经有了可观的收获时，他才惊觉到在自己这片园地上还是一无所有。这时他才明白，不是上天没有给他理想或志愿，而是他一心只等待丰收，可是忘了播种。

你刚刚20出头，还是默默无闻不被人重视的时候，不妨试着暂时降低一下自己的物质目标、经济利益或事业野心，脚踏实地，做好一个普通人的普通事，

这样你的视野将更广阔，或许会发现许多意想不到的机会。

目标是年轻人的战略，至于如何朝着既定的方向迈进就是战术问题了，比如你的愿望是登上前面那座山，就应该考虑好什么时间要到达什么地方，一块山石、一棵大树，就是你下一站的指引。

40 多年前，有一个十多岁的穷小子，他自小生长在贫民窟里，身体非常瘦弱，却立志长大后要做美国总统。如何实现这样的抱负呢？年纪轻轻的他，经过几天几夜的思索，拟定了这样一系列的连锁计划：

做美国总统首先要做美国州长——要竞选州长必须得到雄厚的财力支持——要获得财团的支持就一定得融入财团——要融入财团就需要娶一位豪门千金——要娶一位豪门千金必须成为名人——成为名人的快速方法就是做电影明星——做电影明星前得练好身体，练出阳刚之气。

按照这样的思路，他开始步步为营。一天，当他看到著名的体操运动主席库尔后，他相信练健美是强身健体的好办法，因而有了练健美的兴趣。他开始刻苦而持之以恒地练习健美，他渴望成为世界上最结实的男人。3 年后，凭着发达的肌肉和健壮的体格，他开始成为健美先生。

在以后的几年中，他成了欧洲乃至世界健美先生。22 岁时，他进入了美国好莱坞。在好莱坞，他花了 10 年时间，利用自己在体育方面的成就，一心塑造坚强不屈、百折不挠的硬汉形象。终于，他在演艺界声名鹊起，当他的电影事业如日中天时，女友的家庭在他们相恋 9 年后，终于接纳了他。他的女友就是赫赫有名的肯尼迪总统的侄女。

婚姻生活过了十几个春秋，他与太太生育了 4 个孩子，建立了一个“五好”家庭。2003 年，年逾 57 岁的他，退出了影坛，转而从政，并成功地竞选成为美国加州州长。

他就是阿诺德·施瓦辛格。他的经历告诉我们，目标要远大，经营自己的过程却要稳扎稳打，在一个台阶上站好了，然后再瞄准下一步。

如果你在 30 岁以前面对外面的繁华世界立下了大志，可以先从下面一连串的逆向思维开始：要站在金字塔的顶层必须要有强有力的支持——要找到支持者先要做出成绩，打出自己的招牌——做强做大，要找到突破点就要强化自己的素质，同时有意识地扩大自己的接触层面，获得有益的资讯——强化自己应从现在开始，从各个方面完成自我积累。

心中有了这一系列规划的年轻人，表面看来和以往的他也没什么不同，但是因为眼光看得远了，再做起事来就有了责任心和主动性，会完全脱离那种得过且过的生活状态，其自身的才能也会得到最大限度的发挥。

当然，在我们前进的过程中，困难将依然存在。在开始时你会有很大的付出，你经常会失败，经常会失望，经常处于痛苦和沮丧之中。但是这却是一个自我改造的过程，在这个过程中，你的能力得到了充分的验证，你还会遇到很多新的事、新的人，让你整个人生和你所处的圈子发生变化。这是一个蜕变的过程，虽然艰辛，但是收获会使你的付出变得更有意义。从现在开始，为自己确立一个目标，然后再一小块一小块地打出你的根据地来。

方式63 放下清高，走自己认为值得走的路

关键词：落实行动·放下架子·脚踏实地

适用情境：比较高傲者，需学习运用此方式。

空想是没有多大价值的，世界上绝对没有不劳而获的事情，人们的成功无一不是按部就班、脚踏实地努力的结果。

有一个小故事，给了那些想一步登天的年轻人一种绝妙的讽刺：

一个刚刚毕业的学生去面试第一个工作，他觉得自己毕业的院校比较出名，自己也比较聪明，成绩也是名列前茅，所以当老总问他希望获得什么样的待遇时，他说："我希望能够年薪10万，然后公司可以解决我吃和住的问题，每年可以有一个公费出国的机会。"老板微笑着和他说："我给你年薪20万，免费给你买一个别墅，然后让你每年公费出国两次，你觉得怎么样？"男孩吃惊地说：

“不会吧，你不是在和我开玩笑吧？”老板哈哈一笑：“是你先跟我开玩笑的！”

一步登天只是电影或电视中的情节，在生活中你要学会面对现实，一切从实际出发。

你如果想在社会上走出一条路来，那么就要放下清高，也就是：放下你的学历、放下你的家庭背景、放下你的身份，让自己回归到“普通人中”，走你认为值得走的路。

人不怕被别人看低，而怕的恰恰是人家把你看高了。看低了，你可以寻找机会全面展示自己的才华，让别人一次又一次地对你“刮目相看”；而看高了，你就很难再有周旋的余地，甚至还会让别人一次又一次地对你感到失望。

青岛啤酒集团的老总金志国的经历，可以给我们许多启示。

1975 年，金志国高中毕业后，被分配到国有青岛啤酒厂。他刚进厂的时候是洗瓶工、锅炉工，是从最底层的活开始做起的。

他有个信念，干哪一行就要在哪一行做到最好，洗瓶子就要在这一帮洗瓶工中干得最好，这样才有可能被选拔去干别的工作。烧锅炉也一样，当时他是锅炉烧得最好的，后来，厂里挑选他去搞技术。

工厂进行团委改选，组织部门让金志国去做团委书记。那时候，他只是一个工段长，这个决定对他来说，是一个非常难得的机会。一个工段长只是一个工人，而厂里的团委书记是一个中层干部，是接受还是选择放弃？出乎所有人的意料，金志国毫不犹豫地选择了放弃。

很多人非常不理解，组织部长和党委委员找他谈心，但是，他不想走政工管理的道路，而想走技术管理的路线。这是金志国人生中的一个重大选择，是对未来的职业定位。那年，他 23 岁。

之后，金志国争取到一个上电大的机会，学习劳动人事管理专业。

1988 年，金志国大学毕业以后，被调到供销处。那时候，供销处权力很大，因为啤酒是供不应求的，很多人需要靠走后门、批条子才能拿到酒。当时，每天都有人请吃请喝，但是刚干了 3 个月，金志国就要求转岗，别人都说他犯“傻”。

面对大伙儿的不解，金志国认为，这不是本事，吃吃喝喝的工作谁都能干。

之后，他当上生产调度员。调度工作是三班倒，很枯燥，每天就是处理一些生产问题。但是，后来回想起来，正是干调度员才使他在整体上掌握了全厂的综合系统，锻炼了指挥、协调的能力，这对他又是一个飞跃。

如果你想成就一番伟业，在确立你远大的目标之后，静下心来，认认真真、脚踏实地地开始你的行程吧！在通往成功的路上，你不要梦想一步登天，如果基地不扎实，那么你的成功恰如“空中楼阁”摇摇欲坠。

任何好高骛远的人，不肯脚踏实地从小事做起，结果只能是离目标越来越远。

上帝对任何人都是公平的，当你为人生之路坎坷难行感慨时，还是仔细想一下自己有什么过失吧。

九层之台，起于垒土；不集小流，无以成江海。我们无论做什么事情，都是由点点滴滴的经验、点点滴滴的努力汇集而成。所以真正懂得成功内涵的人，都是脚踏实地的人，都不会放弃这种积累的过程。

如果我们有一种放下身份、脚踏实地的实干精神，有在平凡中求伟大的品性，那么离成功也就不远了。要知道，在整个社会中，除了一些特殊的人从事特定工作之外，一般人的工作都是很平凡的。虽然是平凡的工作，但只要努力去做，和周围的人配合好，依然可以做出不平凡的成绩。

方式64 把小事做好，才能成就大事

关键词：落实行动·做好小事·成就大事

适用情境：欲成大事者需学习运用此方式。

当今社会最让人惊慌害怕的是什么，是肉眼看不到的细菌，是至今人们找不到因由的癌细胞，是无法医治的艾滋病病毒。

历史记载的许多兴衰变迁，感人的都是那些发生在枝枝杈杈间曲环交错的细节。有些片段，当时看着无关紧要，后来事实上却牵动了大局。中国历朝历代发生的“巨堤容蝼”而致“漂邑杀人”，“突泄一星”而致“焚宫烧积”的事，实在太多了。一个马掌钉决定了一场战争的胜负就是最好的例子。

国王理查三世准备与敌军决一死战，因为这场战斗的胜者将统治英国。

战斗进行的当天早上，理查派马夫去备好自己最喜欢的战马。

马夫对铁匠说：“快点给它钉掌，国王希望骑着它打头阵。”

铁匠回答：“你得等等，我前几天给国王全军的马都钉了掌，现在我得找点儿铁片来。”马夫不耐烦地叫道：“我等不及了，敌人正在向我军推进，我们必须在战场上迎击敌兵，有什么你就用什么吧。”

铁匠埋头干活，钉了3个掌后，他发现没有钉子来钉第四个掌了。“我需要一个钉子，”他说，“得需要点儿时间砸出一个。”

马夫急切地说：“我告诉过你我等不及了，我听见军号了，你能不能凑合一下？”

“我能把马掌钉上，但是不能像其他几个那么结实。”铁匠说。

“能挂住吗？”马夫问。

“差不多能，”铁匠回答，“但我没太大把握。”

“好吧，就这样，”马夫叫道，“快点，要不然我们得挨罚的。”马掌钉好后，马夫将战马牵到国王面前。

两军交锋，理查国王冲锋陷阵，鞭策士兵迎击敌人：“冲啊，冲啊！”

他还没走到一半，突然，一只马掌掉了，战马跌翻在地，理查也被掀倒在地上。

国王没有再抓住缰绳，惊恐的战马就跳起来逃走了，理查环顾四周，他的士兵们见国王倒下了，便纷纷转身逃跑，敌人的军队包围了上来。不一会儿，敌人的士兵俘获了理查，战斗结束了。

从那时起，人们就说：“少了一个铁钉，丢了一只马掌；少了一只马掌，丢了一匹战马；少了一匹战马，败了一场战役；败了一场战役，失了一个国家。”

这次战斗的损失都是因为少了一个马掌钉。

任何庞然大物，都不忽略小，只有小，才是最具繁衍力的。近代尽人皆知的重大发明、发现，从苹果落地发现到地心引力，到开水冒气引发的蒸汽机的利用，无不是由偶发思想的小事影响整个世界的。正是由于近代科学对物质的研究不断深入，人类才浩荡地走过20世纪，快速发展到今天。微电子技术的诞生和发展，是从最初集成电路只包含几个、几十个元器件，发展到在一个小小硅片上可以制作出几十万个、上百万个元器件，形成微型电子电路的，正是这个微型电子电路，带来当今世界飚风般的各种生产方式大规模乃至超大规模变化。

可见，未来最终改变我们这个世界，影响人们生活的，不在宇宙，乃在毫微。小的不仅仅是美好，而且关键时刻它孕育一种与命运相关的改变。

细节决定成败，小事决定大事。百姓开门七件事，柴米油盐酱醋茶，没有一个是经国大计，却不能为任何一个当政者所忽视。

方式65 一切从小事做起

关键词：落实行动·小事·细节

适用情境：做事总是眼高手低者，需学习运用此方式。

我国有句耳熟能详的俗语："大处着眼，小处着手。"但是有些人虽然做到了前半句的"大处着眼"，却忘记了后半句的"小处着手"。现在流行的管理理论强调企业要有质量，不少企业也因而以大处着眼的方式制定远景规划，却不知如何从小处着手地向目标迈进，所以我们要从"大处着眼，小处着手"的想法中，再往前走一步，做到"小处着眼，小处着手"。

一所著名大学有一位领导，他在做系里的团总支书记的时候，每周都要参加一个各系的团总支书记的例会。有一次，他提前几分钟到达会议的现场，发现会场的地上很不干净，桌子上和椅子上也落了一层灰。他想，反正自己没有事情，闲着也是闲着，不如搞搞卫生，把开会的地方弄得干净一些。这样想过之后，他动起手来。人们看到干净的会场，不禁都称赞起这位领导来。他一笑了之。以后，他每次都提前来几分钟，在众人到达之前把屋子收拾干净，这个习惯坚持了很久，即使他后来当上了学校的团委书记也是如此。如今，他已经升任这个学校所在市的团委副书记了。

也许这位书记的升迁与这些小事没有什么必然的联系，比如说他的业务工作能力很强等，但可以肯定的是，他有正确的做人做事态度，分内也好，分外也好，只要有利于大家，多做点没关系。

我们常常寄托做一些轰轰烈烈的大事来提高自己的地位，但我们没有想到，许多小事情却会改变我们。美国标准石油公司在全球赫赫有名，曾经担任过公司董事长的阿基伯特也因他的出色领导才能和为公司创造的巨大价值而享誉全球。但很多人都不知道的是，阿基伯特过去只是标准石油公司的一名普通职员，而且更鲜为人知的是，当他还是一名普通职员的时候，就已经得到了前任董事长洛克菲勒的注意，其中的重要原因就是阿基勃特日积月累的一个工作习惯。

阿勃伯特无论在什么场合中签名都不忘附上公司的一句宣传语“每桶 4 美元的标准石油”，甚至在他给亲朋好友写信时也是如此。时间长了，同事朋友们干脆给他取了一个“每桶 4 美元”的绰号，以后凡是认识他的人都以此称呼他，天长日久，叫他真名的人反而寥寥可数。在签名的时候署上“每桶 4 美元的标准石油”，这是一件非常小的事，严格来说，它不在阿基勃特的工作范围之内，但他一直坚持着，并把它做到了极致。尽管遭到了同事们的嘲笑，他也没有放弃。在嘲笑他的人中，肯定有不少人的才华和能力在他之上，可是最后只有阿基勃特当上了董事长。

许多人轻视小事，认为小事不值得做，尤其是在一个集体环境中，许多小事情甚至是琐碎的事情，明明大家都知道该怎么做，可就是大家都懒得去做，所以我也不做。在这样的心理驱使下，使一些明明只是举手之劳的小事，竟然变成

"我是否会吃亏"的大事而斤斤计较,因此为自己的工作留下了隐患。

工作中无小事。在小处着眼,小处着手时,我们会感到比较踏实。虽然说做好小事未必能成功,但总比连小事都做不好的人强一些。老子说:"治大国若烹小鲜。"小处着眼,小处着手的意义也正在于此。也唯有如此,恢弘的事业才有可能成为现实。

方式66 做好别人不愿做的小事

关键词:做事方法·落实行动·做好小事

适用情境:当因事小而不愿去做时,需学习运用此方式。

有这样一组数字。据《新闻周刊》转述,2003年7月我国教育部透露,大学毕业生毕业即签约的比例为:研究生80%,本科生60%,专科生、职高生30%。全国有106万大学毕业生一时无法就业,还未包括此前毕业而未就业的大学生。学校、各级政府想尽办法,提高大学生的就业率。但大学生人数增长更快,2003年全国212万,2004年260万,2005年320万,压力越来越大。

细想想,中国大学生真的是过剩了吗? 不是的。

有位女大学生,毕业后到一家公司上班,只被安排做一些非常琐碎而单调的工作,比如早上打扫卫生,中午预订盒饭。一段时间后,女大学生便辞职不干了。她认为,她不应该蜷缩"在厨房里",而应该"上得厅堂"。

可是一屋不扫,何以扫天下? 大学生毕业参加工作,不在于大地方、小地方,不在于大企业、小企业,而在于你愿不愿意真正从基层做起,愿不愿意真正从小事做起。一个普通的职员,即使有很好的见解,通常被重用,也要煎熬一段不短的时间,最重要的是努力做出有让别人倾听自己意见的资格和成绩,在别人眼里,你才是举足轻重,不易被人忽视的。

因此,从小事做起的工作,年轻时就应努力去做好。

中关村一家公司的人事部经理曾感叹道:“每次招聘员工,总碰到这样的情形:本科生与大专生、中专生相比,我们也认为本科生的素质一般比后者高。可是,有的本科生自诩为天之骄子,到了公司就想唱主角,强调待遇。别说挑大梁,真正找件具体工作让他独立完成,却往往拖泥带水,漏洞百出。本事不大,心却不小,还瞧不起别人。大事做不来,安排他做小事,他又觉得委屈,埋怨你埋没了他这个人才,不肯放下架子干。我们招人是来工作、做事的,不成事,光要那大学生的牌子干嘛?所以有时候,本科生、大专生、中专生相比之下,大专生、中专生反而更实际,更有用。”

人生真正的伟大在于平凡,真正的崇高在于普通,是最平凡、最普通却又最伟大、最崇高的。从普通中显示特殊,从平凡中显示伟大,这才是做人做事之道。

别人不愿意端茶倒水,你就要更加端出水平;别人不愿意洗涮马桶,你就要洗涮得更加明亮;别人不愿意操练,你就要更加自我操练;别人不愿意做准备,你就要多做准备;别人不愿意付出,你就多付出。只要你每件事都多做一点,每一件别人不愿意做的小事,你都愿意多做一点,你的成功率一定会提高不少。

同事不愿做的事情,你愿意去做;别人不想做的事,你愿意去做。只要你能做别人不愿意做的事情,只要你能做别人不想做的事情,你就可以成功。因此,成功最重要的秘诀,就是去做别人不愿意做的小事。

越是那种埋怨自己工作价值渺小的人,真正给他们一份困难的工作时,他们越是退缩而不敢接受。具有10成力量的人,去做仅仅需要一成力量的工作,其中有生命的意义和悠闲的心情。在长远的人生中,这种生命的意义和悠闲的心情对于人格的形成与扩展,有决定性的帮助。

许多白手起家而事业有成的人,在做小学徒或小职员时就能以最高的热忱和耐心去面对上司给予他们的小工作,这是非常普通的事实。我们不可能用数量来衡量工作的大小,“大在小之中”而不是“小在大之中”。猴子,沐浴过后给它穿上尧的衣服,戴上舜的帽子,而猴子依然是猴子,人们不会称这只猴子为人,所有的成功者都是在小事中寻找出大课题来的。

小事,一般人都不愿意做。但成功者与一般人最大的不同,就是他愿意做别人不愿意做的事情。一般人都不愿意付出这样的代价，可是成功者愿意，因为他渴望成功。

方式67 认真去做每一件事

关键词：落实行动·认真做事·恰到好处

适用情境：因事小而不用心去做时，需运用此方式。

卢浮宫收藏着莫奈的一幅画，描绘的是女修道院厨房里的情景。画面上正在工作的不是普通的人，而是天使。一个正在架水壶烧水，一个正在优雅地提起水桶，另外一个穿着厨衣，伸手去拿盘子——即使日常生活中最平凡的事，也值得天使全神贯注地去做。

行为本身并不能说明自身的性质，而是取决于我们行动时的精神状态。工作是否单调乏味，往往取决于我们做它时的心境。

人生目标贯穿于整个生命，你在工作中所持的态度，使你与周围的人区别开来。日出日落、朝朝暮暮，它们或者使你的思想更开阔，或者使其更狭隘，或者使你的工作变得更加高尚，或者变得更加低俗。

每一件事情对人生都具有十分深刻的意义。你是砖石工或泥瓦匠吗？可曾在砖块和砂浆之中看出诗意？你是图书管理员吗？经过辛勤劳动，在整理书籍的时候，是否感觉到自己已经取得了一些进步？你是学校的老师吗？是否对按部就班的教学工作感到厌倦？也许一见到自己的学生，你就变得非常有耐心，所有的烦恼都抛到九霄云外了。

在日本，有一位少女，她进入社会的第一份工作就是帮人洗马桶。刚刚开始，她非常不习惯，每当将抹布伸进马桶里时，她就会恶心得想吐，她觉得她不能再做这份工作了，她受不了。有一天，她在洗马桶的时候又想呕吐，于是就将抹布抛到一边，伤心地想，为什么自己一定要做这种工作？

这时，有位前辈走了过来，拿起抹布，一遍又一遍地擦着马桶，直到把马桶擦得光亮照人，然后，他拿了一只杯子，舀了一杯马桶里的水，仰头一饮而尽，就像喝可口可乐一样。这位前辈没有说一句话，却让那位少女受到了极大的震撼，她没想到一件小事也可以做得如此完美。

从此以后，她时时用前辈的行为来鼓励自己，做好每件看似微不足道的事情。这位少女最后成为了日本的邮政大臣，也就是邮政部门的最高长官，名叫野田圣子。

我们在做任何事情的时候，不论是大是小，你都应该尽心尽力，满腔热情，锲而不舍。

如果只从他人的眼光来看待我们的工作，或者仅用世俗的标准来衡量我们的工作，工作或许是毫无生气、单调乏味的，仿佛没有任何意义，没有任何吸引力和价值可言。这就好比我们从外面观察一个大教堂的窗户，大教堂的窗户布满了灰尘，非常灰暗，光华已逝，只剩下单调和破败的感觉。但是，一旦我们跨过门槛，走进教堂，立刻可以看见绚烂的图画。

由此，我们可以得到这样的启示：人们看问题的方法是有局限的，我们必须从内部去观察才能看到事物真正的本质。有些工作只从表象看也许索然无味，只有深入其中，才可能认识到其意义所在。因此，无论幸运与否，每个人都必须从工作本身去理解工作，将它看作是人生的权利和荣耀——只有这样，才能保持个性的独立。

每一件事都值得我们去做。不要轻看自己所做的每一件小事，即使是最普通的事，也应该全力以赴、尽职尽责地去完成。小任务顺利完成，有利于你对大任务的成功把握。一步一个脚印地向上攀登，便不会轻易跌落。通过工作获得真正力量的秘诀就蕴藏在其中。

第九章

恰到好处地大智若愚

大事认真做，小事糊涂解

巴西有一句谚语："傻瓜缴学费学习，聪明人用傻瓜缴的学费学习。"自以为聪明的人，往往就是败在自作聪明上，反倒让看似愚笨的人拣了便宜。聪明是天赋的智慧，糊涂则是聪明的表现，人贵在能集聪与愚于一身，需聪明时便聪明，该糊涂处且糊涂，随机应变。人生就像是一个万花筒，要想在变幻之中用足够的聪明智慧来权衡利弊以防莫测变化，就要学会以静观动，守拙若愚，这种处世的艺术有时反而比聪明更能胜出一筹。

方式68 在小是小非面前装糊涂

关键词：做事方式·装糊涂·小是小非

适用情境：喜欢在小事上斤斤计较者需学习运用此方式。

“难得糊涂”是清代郑板桥的名言，他将此观点阐释为：“聪明难，糊涂亦难，由聪明转入糊涂更难。放一着，退一步，当下心安，非图后来福报也。”

按照新的观念，“难得糊涂”则是指一个人在非原则问题上不计较，在细小问题上不纠缠，对不便回答的问题可装作不懂，对危害自身的询问假作不知，以理智和“糊涂”平息可能发生的矛盾。做人过于苛刻，就容易失去人缘。生活中难得的不是聪明，而是难得糊涂。在小是小非面前装装糊涂，不失为睿智的明智之举。

假如有人告诉你：“某某人在背后骂你。”你听后会做出什么反应？你可能会非常恼怒，立即去找这个人算账吧，如果是这样，那你不仅气坏了自己的身体，而且还会扩大事态，徒增痛苦。

富弼是北宋名相，在他年少时，有一次走在洛阳大街上，平白无故地遭人斥骂。有人过来悄声说：“某某在背后骂你！”富弼说：“大概是骂别人吧。”那人又说：“人家指名道姓在骂你呢！”富弼想了想说：“怕是在骂别人吧，估计是有人跟我同名同姓。”骂他的人听到后很是惭愧，赶紧向富弼道歉。年少的富弼分明是假装糊涂，却显示了他的聪明睿智。

有位智者说，如果大街上有人骂他，他连头都不会回，因为他根本不想知道骂他的人是谁。因为人生如此短暂和宝贵，要做的事情太多，何必为这种令人不愉快的事情浪费时间呢？可见，这位智者和富弼一样懂得“难得糊涂”的真谛。

在我们身边，无论同事、邻里之间，甚至萍水相逢的人之间，不免会产生些摩擦，引起些烦恼，如若斤斤计较，患得患失，往往会使人越想越气，这样很不利于身心健康。如做到遇事糊涂些，自然烦恼会少得多。

谁人背后没人说，谁人背后不说人？别人说你两句，就让他说吧，只要无伤大雅。如果非要和别人较劲，那不是给自己找难受吗？知道该干什么和不该干什么；知道什么事情应该认真，什么事情可以不屑一顾。这种“糊涂”更是一种智慧，一种做人的睿智。

人与人相处时，难免会有一些差异，会有一些小矛盾。对别人的小缺点不要太在意，千万不要做一个小肚鸡肠、斤斤计较的人，否则没人喜欢和你做朋友。

做人是这样，做事情也是这样，最高境界就是心里明白，外表糊涂。

魏国孝文帝有两个心腹大臣，一个是元志，一个是李彪。孝文帝迁都洛阳后，任命元志做洛阳令。有一次，元志乘车上街，遇到御史中尉李彪的车迎面而来。按当时的等级和礼节，职位低的官吏应给职位高的官吏让道。可元志是好强的人，坚持不给让道。于是两人争吵起来，一直闹到了孝文帝那里去评理。李彪说：“御史中尉是皇帝的近臣，元志作为一个地方官，不让道就是和御史中尉对抗！”元志却说：“我是皇帝所派的国都所在地方长官，凡住洛阳的人，不管是谁，都编在我主管的户籍簿里，我为什么要给御史中尉让路？”两人各执一词，“公说公有理，婆说婆有理”。孝文帝呢？看看两人都是自己的忠实臣僚，于是就“和”起了“稀泥”，让两人以后分道而行。

元志和李彪因为争强好胜而闹到了皇帝那里，其实也只是意气用事罢了，两人并没有太多利益上的冲突。魏孝文帝清楚这一点，因而也不判明谁是谁非，干脆给出了一个“各自分路而行”的解决方案，让两人都有了充分的理由掉转车头，找个台阶下。这样，两人的争执就“不明不白”地解决了。

古今中外，大凡善于用人者，必有宽容之度，容人之量，“糊涂之心”。因为“金无足赤，人无完人”。只有看到别人的长处，容纳他人的缺点，善于“装糊涂”，才能使人宽心、祛疑，进而尽心竭力。

不过分吹毛求疵，凡事皆留有回旋的余地，对微末枝节的小事不妨装装糊涂，这乃是大部分中国人处世为人的信条。

方式69 把握大局，小事能忍则忍

关键词：装糊涂·把握大局·掌握分寸

适用情境：在精明与糊涂之间难以选择时，需学习运用此方式。

在现实生活中，我们身边经常有这样一些人，好像天底下只有他最精明，别人都是些傻子，无论大事小事，都要事事计较，处处谋算，玩弄心机权术。结果聪明反被聪明误。

还有一类人，总在鸡毛蒜皮的小事上“精明”，什么东家长西家短，说起来头头是道，可是一遇大事则不知所措。其结果正如清代名臣左宗棠所言：“凡小事精明，必误大事。”

西汉初年，班超为西域都护使。他在漠北任职达30多年，威慑西域诸国。在他任职期内，西域各族不敢轻举妄动，因此汉朝西北部边疆及西域地区得以和平安宁。为此朝廷封其为定远侯，可谓功成名就。

当班超年老体衰之后，以为自己已不能胜任此职，便上表辞职。皇帝念其劳苦功高，便批准了他的请求，让任尚接替他的职务。

为了办理交接手续，任尚拜访了班超，问他：“我要上任去了，请您教我一些统治西域的方法。”

班超打量一下任尚，答道：“看你的样子就是个急性子人，做事可能一板一眼，所以我有几句话奉劝你：当水太清时，大鱼就没有地方躲藏，谅它们也不敢住下来，同样为政之道也不能太严厉、太挑剔，否则也不容易成功。对西域各国未开化民族，不能太认真，做事要有弹性。大事化小，繁事化简才是。”

任尚听了，大不以为然。虽口头上表示赞成，内心却不服。

“我本以为班超是个伟大人物，肯定有许多高招教我，却只说了些无关痛痒、无足轻重的话，真令我失望。”

任尚果然把班超的教诲当做了耳旁风。他到达西域后，严刑峻法，一意孤行。结果没过多久，西域人便起兵闹事，该地就此失去了和平，又陷于激烈的刀兵状态。

出现这样的结果，任尚想必是非常后悔的。但是，已酿成大乱，后悔已无济于事了。

任尚的本意是要治理好西域，但他笔管条直的高压政策是不切合当时西域实际的。做事太过于严厉苛责，最容易横生事端。把握大局，容忍小小的差池，是化繁为简的弹性手腕。

在我们的人际交往中，巧妙地装糊涂更是一种聪明，显示出智慧，不但给各种烦杂的事情涂上润滑油，使得其顺利运转，还能使我们在生活中充满笑声，显得轻松愉快；相反，老实认真只会导致我们木呆刻板，甚至使事情陷入僵局。

戈尔巴乔夫就任苏联总书记时才 54 岁，这是很罕见的特例，因为当时的领导人是由平均年龄 70 岁的老人所担任。全世界的人都很关注他的施政态度，想看看这个年轻的国家领导人，会把苏联带往什么方向。

在戈尔巴乔夫召开的记者招待会中，来自各国的记者纷纷举手抢着发问。

一位美国记者问他："戈尔巴乔夫先生，我们都知道你是有激进思想的领导人。可是，当你要决定内阁名单时，是不是会先和上头的重量级人物商量？"

戈尔巴乔夫一听，故意板起脸来回答："喂！请你注意，在这种场合，请不要提起我的内人。"

大家一听哄堂大笑。接着，不等美国记者再发言，戈尔巴乔夫就马上指着另一名记者说："好，下一个。"避开了尖锐的问题。

由此可见，"聪明而愚，其大智也"。培根曾经说过："炫耀于外表的才干徒然令人赞美，而深藏不露的才干则能带来幸运，这需要一种难以言传的自制和自信。"因为人们大多喜欢表现和卖弄自己的才干，而不愿露些"傻气"，若没有一定的自制、自信，是很难做到大智若愚的。

"大智若愚"，不是故意装疯卖傻，不是故意装腔作势，也不故作浅显，故弄玄虚，而是待人处世的一种方式，一种态度，即心平气和，遇乱不惧，受宠不惊，受辱不躁，含而不露，隐而不显，自自然然，平平淡淡，从从容容，看透而不说透，知根而不露底，凡事心里都一清二楚，而表面却若无其事，因为从不曾剑拔弩张，所以人们也就很难找到他的破绽。

为人处世之难，往往与把握不好“精明”与“糊涂”的分寸有关。每个人都不想成为糊涂之人，这一点毫无疑问。但是，人与人间相处难免有是是非非。究竟该怎样处理呢？答案是，大事与小事相对，精明与糊涂孪生。意思是说，对于大事应当精明，而对那些无关原则性的小事，则应该睁一只眼睛闭一只眼睛。

方式70 该糊涂时不要太“认真”

关键词：恰到好处·装糊涂·较真

适用情境：喜欢与他人较劲者，需学习运用此方式。

有人总想与他人较劲，这不是一种很好的做人品质，当然也不是很好的做事方法。善于处世者时刻以减少辩解为良策去应对冲突，因为太过“认真”，反而是前进的障碍。

生活中，我们常碰到一些爱讲死理的人，即使是一些鸡毛蒜皮的小事，他们往往非要争出个子丑寅卯来不可。却不知当他们沉醉在一种良好的感觉里时，旁边正有人在嘲笑他气量太狭隘，难当大事。

孔子带众弟子东游，走得困乏了，肚子又饿，终于到了一个酒家门口，于是孔子吩咐一弟子前去向老板要点吃的，这个弟子很听话，二话不说便径直走到酒家跟老板说：“我是孔子的学生，我们和老师走累了，恳请您给点吃的吧。”老板回答：“既然你是孔子的弟子，我不妨考你一考，我写一个字，如果你认识的话，随便吃。”于是写了个“真”字，孔子的弟子想都没想就说，“这个字太简单了，‘真’字谁不认识啊，这是个‘真’字。”不料老板听后大笑道：“连这个字都不认识还冒充孔子的学生。”于是便吩咐伙计将这个“冒牌货”赶出酒家。

孔子看到弟子两手空空垂头丧气地回来，问后得知原委，于是亲自上前，对老板说:“我是孔子,走累了,想要点吃的。”老板也想考考他,于是又写了个“真”字,孔子看了看,说这个字念“直八”,老板大笑道:“果然是孔子,你们随便吃吧!”

弟子纳闷极了,问孔子:“这明明是‘真’字嘛,为什么念‘直八’呢?”孔子说:“这是个认不得‘真’的时代,你非要认‘真’,岂能不碰壁?处世之道,你还得好好体味呀!”

这虽是个杜撰的故事,但也说明了一个道理,那就是做人不能太较真。

做人固然不能玩世不恭,游戏人生,但也不能太较真,认死理。太较真了,就会对什么都看不惯,连一个朋友都容不下,把自己同社会隔绝开。生活中,那些活得潇洒自在的人,都是遇事不钻牛角尖、该糊涂时不较真的人。

把事情弄得太明白就容易伤感情,何不妨让它稀里糊涂地过去,这样你好他好我也好。

有一天晚上,戴尔·卡耐基参加一次为推崇他而举行的宴会。宴席中,坐在戴尔·卡耐基右边的一位先生讲了一段笑话,并引出了一句话,意思是谋事在人,成事在天。

他说那句话出自《圣经》。他错了,戴尔·卡耐基知道而且很肯定地知道出处,一点疑问也没有。为了表现出优越感,戴尔·卡耐基很严肃地纠正了他,他立刻反唇相讥:“什么?出自莎士比亚?不可能,绝对不可能!那句话出自《圣经》。”他自信确实如此。

戴尔·卡耐基的老朋友弗兰克·格蒙坐在卡耐基左边,他研究莎士比亚的著作已有多年,于是,戴尔·卡耐基和那位先生都同意向他请教。格蒙听了,在桌下踢了戴尔·卡耐基一下,然后说:“戴尔,这位先生没说错,《圣经》里有这句话。”

那晚在回家的路上,戴尔·卡耐基对格蒙说:“弗兰克,你明明知道那句话出自莎士比亚。”

“是的,当然,”他回答,“《哈姆雷特》第五幕第二场。可是亲爱的戴尔,我们是宴会上的客人,为什么要证明他错了?那样会使他喜欢你吗?为什么不给他留点面子?他并没问你的意见啊!他不需要你的意见,为什么要跟他抬杠?应该永远避免跟人家发生正面冲突。"

有时候，一件事情本身的是是非非其实并不重要，重要的是我们所要达到的目的。比如顾客和售货员为谁应负责任而争得脸红脖子粗，走了冤枉路的乘客和司机为谁没说清楚而大动干戈，最后，事情越闹越大，该退的货没退成，该节约的时间没节约，双方还都憋了一肚子的气，何苦呢？有人说，我就要争这个理儿。是的，争下一个"理"，的确有一种胜利的感觉。但你想没想到过争这个理儿的代价呢？

反而是不争辩，放弃无谓的辩解，有时却能带给你意想不到的结果。下面是美国职员克多尔讲的关于自己的一个很好的例子：

"您好！"我对老总说，"昨天我交给您的文件签了吗？"老总转动眼睛想了想，然后翻箱倒柜地在办公室里折腾了一番，最后他耸了耸肩，摊开两手无奈地说："对不起，我从未见过你的文件。"如果是刚从学校毕业的我，会义正词严地说："我看着您的秘书将文件摆在桌子上，您可能将它卷进废纸篓了！"可我现在才不会这样说呢。既然老总能睁眼说瞎话，我又何必与他计较呢？我要的是他的签字。于是我平静地说："那好吧，我回去找找那份文件。"于是，我下楼回到自己办公室，把电脑中的文件重新调出再次打印，当我再把文件放到老总面前时，他连看都没看就签了字，其实他比我还清楚文件原稿的去向。

是的，这就是我在与上司发生冲突时的解决方式。我不赞成在冲突发生以后一走了之，因为在新环境里还会出现老问题，到那时你又怎样呢？我也不赞成为了争口气而大闹一场，因为吵闹不能解决问题，反倒有可能断送了职位，还是实际些吧！说到实际，谁是谁非也并不重要，可能即便我对了而上司错了，我也会开动脑筋为上司寻找一个台阶下，无论如何，合作的前提是解决冲突！

主动言和，你可以当作是好汉不吃眼前亏，但它还包括更深的层面：主动言和，是运用智慧寻找冲突的最佳解决方案，使问题最终得以处理。在处理冲突的问题上应该冷静，决不能像个孩子一样在冲突中放任自我，要运用自己的智慧和团队精神，与上司及同事尽量合作，让他们发现你其实是个理想的合作伙伴，这样做的同时也就给自己创造了一个良好的工作空间。

会做事的人都明白“放弃也是一种成功”的道理。有些事情，假如你非要辩解清楚，不仅达不到目的，反而会让自己陷入艰难的境地。

要真正做到不较真、能容人，也不是简单的事，需要有良好的修养，有善解人意的思维方法，从对方的角度出发，设身处地地考虑和处理问题，多一些体谅和理解，就会多一些宽容，多一些和谐，多一些友谊。

方式71 让别人觉得自己是糊涂人

关键词：做事方法·装糊涂·瞒天过海

适用情境：总爱把聪明显露在脸上的人需学习运用此方式。

处世是人与人之间心术的交战，是个体利益与个体利益之间的周转，没有谁愿意装傻子，但是，真正的智慧就在于让别人觉得自己是傻子、是糊涂人，这就叫瞒天过海、暗藏机锋、以柔克刚。

美国的名拳手泰森曾有这么一段轶事：

由于前一次的不幸失败而失去了拳王宝座的他，决心在下回合的比赛中夺回，于是他宣布向那位拳王挑战。

但是不巧得很，在比赛前夕召开的记者会上，这位泰森裹着厚重的大衣并戴着口罩，竟然频频传出咳嗽的声音，精神十分异常。

在场记者深感不安，在这样重大的比赛前夕，这位老兄的身体竟是这般模样，真是太不幸了。

相反，他的对手却表现得身强体健、自信傲慢的样子。几乎每个人似乎都早早地知道了比赛的胜负。

然而比赛结果出乎大家所料，泰森竟是把拳王宝座又夺回来了。

这到底是怎么回事？

原来，在赛前的记者招待会上，他不过是在“作戏”而已，其目的就是使对方松懈戒心。

无论何种挑战，其道理都是一样。

在中国古代的经典著作《三十六计》中，第二十七计曰："扮猪吃虎"。

按照这一观念，亚洲的猎人准备狩猎老虎时，他会静坐冥想一种捕虎的最轻而易举的方法，他得到的结论是他将把自己装扮成老虎的诱饵，披上猪的外衣，在树林中等候，老虎心想这只猪将成为它中午的一顿美餐，便向猪走去。

当老虎走到猎人射程之内时，他便射击。

在亚洲，判断英雄的标准不是论其捕杀老虎的本领，而是看其忍受扮猪耻辱的力量和能力。

当你没有证据表明你比对手处境高明时，千万别抱有获胜的幻想。

古语讲："大勇若怯，大智若愚。"本来胆大如斗却表现得胆小如鼠，本来足智多谋却表现得寡言讷语。智而示以愚，强而示以弱，能而示之不能，用而示之不用，其目的就是为了蒙蔽对手、争取主动。"大智若愚"就是后发制人、出其不意。

"大智若愚"，重在一个"若"字，"若"设计了巨大的假象与骗局，掩饰了真实的野心、权欲、才华、声望、感情。这种甘为愚钝、甘当弱者的低调做人术，实际上是精于算计的隐蔽，它鼓励人们不求争先、不露真相，让自己明明白白地过一生。

例如，三国时期的刘备装呆作痴，则是谋略上的韬光养晦大师。刘备处在低谷时期，只有暂时投向走红运的曹操。而他暗地又参与了灭曹的组织，只好装痴，将自己的计划隐藏到深处，屈做一菜农。不然稍稍露出蛛丝马迹，就会遭杀身之祸。

大智若愚是迷惑对手、识破圈套最有效的办法。让对手以为你还被蒙在鼓里，使他放松对你的戒心，这样你就可以在有利的时机找到最有力的制敌方法。或揭露对方对你施以的种种阴谋伎俩，让他的阴谋诡计曝光于光天化日、大庭广众中，或将计就计，以其人之道还治其人之身。在圈套中设定圈套，诱使对方上当。

有3位日本人代表日本航空公司与美国的一家飞机制造公司谈判，日方为买方，美方为卖方。而且，美国公司为了抓住这次商业机会，还挑选了最精明干练的高级职员组成谈判小组。

谈判开始，双方并没有像常规谈判那样交涉问题，而是由美方展开了产品宣传攻势。他们在谈判室里挂满了许多产品图像，还印刷了许多宣传资料和图片。他们用了两个半小时，3台幻灯放映机，好莱坞式地放映了公司介绍。他们这样做，一是要加强自己的谈判实力，二是想向3位日本代表作一次精妙绝伦的产品简报。在整个放映过程中，日方代表静静地坐在里面，全神贯注地观看。

放映结束后，美方高级主管不无得意地站起来，扭亮了电灯。此时，他们脸上挂满了情不自禁的得意笑容，笑容里充满了期望和必胜的信念。他转身向3位显得有些迟钝和麻木的日方代表说："请问，你们的看法如何？"

不料一位日方代表说："我们还不懂。"这句话大大伤害了美方代表，他的笑容随即消失了，一股莫名之火似乎正往上冒。

他又问："你们说不懂，这是什么意思？哪一点你们还不懂？"

另一位日方代表彬彬有礼、微笑着回答："我们全部没弄懂。"

美国的高级主管又压了压火气，再问对方："从什么时候开始你们不懂？"

第三位代表严肃认真地回答："从关掉电灯、开始幻灯简报的时候起，我们就不懂了。"

这时，美国公司的主管感到严重的挫败感。但为了商业利益，他又重放了一次幻灯片，这次速度比前一次慢多了。之后，他强压怒气，问日方代表："怎么样？该看明白了吧？"然而，日方代表端坐在位子上，若无其事地摇摇头。

美国的高级主管一下子泄气了，他灰心丧气地斜靠着墙边，松开他价值昂贵的领带，显得心灰意冷、无可奈何。他对日方代表说："那么，那么……那么你们希望我们做些什么呢？既然我们所做的一切你们都不懂。"

这时，一位日方代表慢条斯理地将他们的条件说了出来，他说得如此慢，以致使美国高级主管像回答讯问似的，毫无斗志地斜坐在那里，稀里糊涂地应答着，他的思维已经紊乱了，信念被摧毁了，根本未作什么有效反应。结果，日本航空公司大获全胜，成果之大，连他们也感到意外。

聪明装糊涂，装着不置可否的样子，不表明态度，然后静待时机，把自己的过人之处一下子说出来，往往会打对方一个措手不及。这就是“大智若遇”的最佳体现。“大智若愚”是做人智慧中最高最玄妙的境界，如果有谁能得到“大智若愚”的评价，那就表明他可以在人生舞台上立于不败之地了。

方式72 该低头时就低头

关键词：恰到好处·装糊涂·低头退让

适用情境：在自己势力还不足以战胜对手时，需运用此方式。

老百姓有一句俗语，叫做“人在屋檐下，不得不低头。”意思是说人在权势、机会不如别人的时候，不得不低头退让。

对于一些有志进取的人来说，这一阶段可能就是他们磨炼自己的机会，借此可取得休养生息的时间，以图将来东山再起，今日当“孙子”，明日则有可能当“爷”；而对那些消极的人来说，则可能由于困难和挫折的打击而从此一蹶不振，在消沉和畏缩不前的情形下将事业之路走到了尽头。

其实，在自己势力还不足以战胜对手时，当当“孙子”又有何妨，这一切还不是为了他日当他的“爷”吗？

公元前496年，越王驾崩，其子勾践即位。可是，当吴王阖闾听说了允常的死讯之后，便趁越国人心不稳之际兴师伐越，交战于槜李。

两军对阵，勾践使用死刑囚犯做死士，在吴国军队面前叫阵，然后这些人再在吴军阵前抹脖子自杀。吴国军士见状，大惊失色，人心浮动。于是，勾践率领越军趁机发起攻击，原本强大的吴国军队瞬间溃不成军，一败涂地。吴王阖闾在混战中也身负重伤，只好退兵，返回了姑苏城内。没过多少时日，吴王阖闾的伤病便恶化了，生命岌岌可危。临终前，吴王阖闾把其子夫差叫到床前，叮嘱他一定不要忘记复仇。

夫差即位后，对军队日夜进行操练，株马厉兵，准备消灭越国。勾践见状，忧心忡忡，便决定先发制人。越国大夫范蠡和文种见时机不利于越国，便鼎力劝阻，但是勾践求胜心切，根本听不进任何的不利之言，于公元前494年率兵进攻吴军守地——夫椒，开始了大战。

夫椒一战，越兵大败，勾践的率军只剩下了残兵败将5000余人。无奈之下，勾践只好退守会稽山。会稽山虽然地势险要，易守难攻，但是吴王夫差率军只围不攻。不久，缺水少粮的勾践军队便支持不住了，伤残兵士的哀号遍布山野。见此情形，勾践欲拔剑自刎，在范蠡竭力劝阻下，设法用重金厚赂了吴王夫差身边的重臣，才始得勾践保全了性命。但从此勾践及妻室也来到吴国，住进石屋，开始了忍辱负重的人质生涯。

此时，在吴国的勾践寄人篱下，可谓受尽了吴王夫差的嘲讽和欺凌。夫差每次外出，勾践要亲自为他牵马，有人指骂他，他也要表现得不在乎，低头顺眼，始终表现出一副驯服的面孔。

还有一次，夫差病了，勾践故意在背地里让范蠡预测了一下，知道此病不久就会好。于是，他便亲自求见夫差，探问病情，并亲口尝了尝夫差的粪便，向夫差道贺，说他的病很快就会好的。夫差问他怎么知道，勾践就胡编说："我曾经跟名医学过医道，只要尝一尝病人的粪便，就能知道病的轻重。刚才我尝了大王的粪便，味酸而稍微有点苦，用医生的话说，是得了'时气症'，所以病会好，大王不必担心。"

果然不几天，夫差的病就好了。夫差认为勾践比自己的儿子还孝顺，深受感动，3年人质期限一到就把勾践放回越国去了。

归国后，勾践深为会稽之耻而痛苦，一心伺机报仇。他睡不好觉，吃不好饭，不近美色，不看歌舞，苦心劳力，唇干肺伤，对内爱抚群臣，对下教育百姓，实施了一系列的修养生息方案，充实了国库和粮仓。随着生活日益变得殷实，越国人丁日趋兴旺，皆具"带甲之勇"，使得国力迅速恢复和发展，一跃成为了东方强国。

最后，在公元前473年，勾践终于灭掉了宿敌吴国，报了会稽之耻。

勾践卧薪尝胆的故事之所以千古流传，不但是因为勾践最后洗雪了耻辱以报国仇，更主要的是他那忍辱负重的精神成为我们克服困难、知耻后进的楷模。如果没有勾践在越国时表现出一副忠心耿耿、卑躬屈膝的“孙子相”，只凭一时匹夫之勇，可能整个越国早已是夫差的了，历史也就此而改写了。这就是勾践的装傻功夫，该做“孙子”时就做“孙子”，目的是为日后成功地做他人的“爷”。

《菜根谭》中曾有这样一段话：“伏久者飞必高，开先者谢独早，知此，可以免蹭蹬之忧，可以消躁急之念。”意思就是说，长久潜伏在林中的鸟，一旦展翅高飞，必然一飞冲天；迫不及待地绽开的花朵，必会早早凋谢。凡事焦躁无用，身处横逆之中，只有善屈善忍，储备精力，一鸣惊人的机会一定会来临。

正所谓：“三十年河东，三十年河西”、“君子报仇，十年不晚。”古人常说：“知耻而后勇”、“人不可以无耻，无耻之耻，无耻也。”能够忍耻，能够忍受痛苦而等待，正是不忘耻辱的结果，一个人如果不知道耻辱的耻辱，才是真正的耻辱。知耻后，一时无法雪耻，只好暂时隐忍，一旦时机成熟，立即将耻辱洗雪干净，这才是真英雄。

人在“屋檐”下要“低头”，为什么不能在势力不如对手时学着当当“孙子”呢？调整自己，积累力量，东山再起，不是更好吗？

方式73 人人都想当强者，我们不妨当当弱者

关键词：恰到好处·装糊涂·当弱者

适用情境：总想做强者的人需学习运用此方式。

俗话说：“和气生财。”这句话确实有一定的道理。

在生活和工作中，我们常会见到这种现象：一些人遇到不同意见，总是唇枪舌剑，我打中你两“枪”，你就射中我一“箭”，又或者，你刺我五“剑”，我砍你一

“刀”，我栽倒在地上了，你的胳膊也斩断了。

这样的两个人谁输谁赢了？没人输赢，你我都翘了辫子，哪还分得出输赢？即使有时某一方赢了，但是，在你品尝这种赢来的滋味时会好受吗？不好受，自己虽然赢了，却也是伤痕累累，甚至还在隐隐作痛。

正所谓：“大树易折，弱草坚韧。”面对这种情形，你是愿意当个易折的强者，还是个坚韧的弱者？学会做弱者，才是最高明的强者。你若能经常以一种弱者的姿态出现，以弱者的面貌去把握自己，也许你反而能更容易地成为长久的赢家。

这一招，领导使用起来将更具威力，会给下属一种莫大的鼓舞。比如，领导对下属说：“你很聪明，到我这种年龄一定比我发展得更好。”领导在下属眼里是权威人士，甚至是楷模和偶像。因此，当下属想到“自己的将来堪比这么重要的人物”时，该是多么备受鼓舞啊！

美国心理学家做过这样的调查，一名彪形大汉，在拥堵的马路上横穿而过，愿意给他让路的车辆不到50%，车祸率很高。而一个老弱病残者横穿马路，却是万人相让，大家还觉得自己是做了善事，车祸率为零。

锋芒毕露遭人忌，韬光养晦养精气。如今很多人都爱表现出强者的风范，往往碰得头破血流；而以弱者的姿态行事，人自然会谦虚谨慎，别人也会愿意接受，反而会使一切顺畅。

有一次，一个小伙子吃完午餐后，正准备前往附近的小酒吧享受一杯清凉的啤酒。就在他走到酒吧外的时候，他看到一个衣衫褴褛的人正在一个路边积水约有5厘米深的小水洼里钓鱼。所以，所有经过他身边的人，都认为这个人是个傻瓜。

这个小伙也好奇地停驻观望了一会儿，看着老人那种孤独的景象不禁动了怜悯之心，于是和蔼地对老人说：“老先生，天这么热，你口渴不渴，如果你愿意，我们进酒吧喝一杯好吗？”老人高兴地接受了他的邀请。

一顿酒足饭饱后，这个小伙子忍不住问老人：“你一直在外面钓鱼吗？今天上午你钓到几条呀。”

老人笑了笑：“你是第八条。”

这种“贬低自己”的诀窍，往往可以使他人敞开心扉与你交谈。与对方沟通时，如果对方一直以强者的姿态标榜自己，那么你就不妨以自己的失败经验为话题，以此增强对方的优越感，提升他的自尊心，从而让他坦然接受你。

压低自己便是相对地抬高了对方，自然会赢得他的好感。这是因为，在通常情况下，人们总是希望自己受到重视，所以千方百计地往上爬，想方设法抬高自己的地位。你一旦压低自己把对方抬到高处，就是克制自己的欲望而满足对方的需求，这当然显得你格外真诚。

比如在适当的场合，你可以谦虚地说：

“我在这方面和你比差得远……”

“我怎么就不能……”

“我怎么就学不会呢？”

“你做的菜真好吃，这道菜我在家里怎么也做不好，你给我讲讲详细步骤……”

“你打字排版又快又好，学了多长时间？”“3个月。”“你学得可真快，我学了半年还不如你好。”

“你这歌唱得真棒，练了多少时间？”“几天吧。”“啊？这首歌，我在家练了半个月，总也唱不好。”

采用上述表达方式，即使你是“不善言辞”或“不善于称赞别人”的人，也能轻而易举地达到高捧他人的目的。

弱与强，在某种时候，收到的效果截然相反。弱，反而得了强势；强，反而处于弱势。事业的成功者、生活中的幸运儿，被人嫉妒是难免的，在一时无法消除这种对立心理之前，用适当的示弱方式则可将其消极作用减少到最低程度。

常有人一方面抱怨人生的路越走越窄，看不到成功的希望，另一方面又因循守旧、不思改变，习惯在老路上继续走下去。其实，天生我才必有用，东方不亮西方亮。如果我们调整一下目标，改变一下思路，完全会出现柳暗花明又一村的无限风光。

放下架子，做个弱者，也是人生在世心态平和的出发点。人人都想当强者，那么我就不妨当当“弱者”，学会巧妙地做弱者也是一种难得的智慧！

第十章

恰到好处地使用人脉

人脉网不但要大，而且要结实

人际关系的重要性，怎样强调都不过分。生活在21世纪，不管你是英国女王的公子，还是看破红尘的隐士，都不可能逃脱人际关系的影响力。假如我们把人际关系比作大脑的神经网络，那么其中的每个人就是一个神经元：突起的越多，与周边的联系就越多，也就比别人更灵敏，从而更易于走向成功。可见，人际关系网的力量是多么巨大，对人生的成功又是多么的重要。

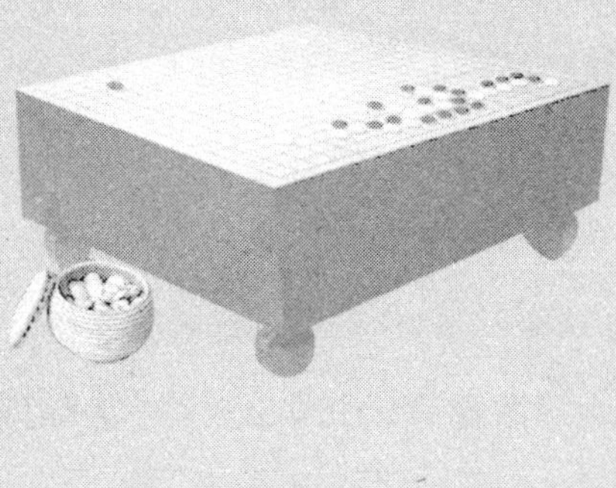

方式74 广交朋友，多拉关系

关键词：做事方式·使用人脉·广交朋友

适用情境：不喜欢交朋友者需学习运用此方式。

我们怎样才能左右逢源，达到成功的彼岸？只有朋友多才会好办事。

在社会中，人际关系是非常重要的，一个人成功与否完全可以从其所交往的人际关系面的大小中反映出来。正所谓："在家靠父母，出外靠朋友。"良好的人际关系往往就是事业成功的关键。

无论我们走到哪里，"人熟好办事"的潜规则都是适用的，即便是在强调个人奋斗的美国也是如此。对美国人而言，说某人拥有强大的关系网是一种褒奖，他们往往会将关系视为资源和财富。因此，在美国"拉关系"就是再正常不过的社会活动了。

美国前总统克林顿能够成功地赢得竞选，就与他拥有广泛的人际关系分不开。在他竞选过程中，他那些高知名度的朋友们可谓起到了举足轻重的作用。这些朋友包括他小时候在热泉市的玩伴、年轻时在乔治城大学与耶鲁法学院的同学，及日后当罗德学者时的旧识。他们为了帮助克林顿成功，四处奔走，全力支持。所以，克林顿任总统后也不无感慨地说："朋友就是我生活中最大的安慰。"

正所谓："人情常卖给熟面孔。"关系越广，路子越宽，事情就越好办，这已经被无数经验和教训所验证。现在做什么事情都要讲究人际关系，人际关系网就是一个人人生最大的资源，无论你在生活中希望得到什么——浪漫的爱情、理想工作，抑或是一张球赛门票，你都有可能需要这个网中的有能力者的帮助。所以，你要想成功，就一定要营造一个适于成功的人际关系，包括家庭关系和工作关系。

常言道:“没有永久的朋友和敌人,只有永久的利益。”人与人之间的交往需求是不可被轻易否定的,只有你与他人结成了凝固的利益关系,才会痛痒相关,荣辱与共,别人才会心甘情愿地为你出时间和精力与你合作。

在美国,曾有人向2000多位雇主做过这样一个问卷调查:请查阅贵公司最近解雇的3名员工的资料,然后回答:解雇的理由是什么。结果,无论在哪个地区、哪个行业,他们的雇主有2/3的人答复都是:“他们是因为与别人相处不来而被解雇的。”

人际关系就是如此重要,不管任何大公司、大企业,他们认为最重要、最不可忽视的就是“人际”财富,能否使公司内的人协调一致对公司的兴衰成败也起着至关重要的作用。有的公司由于不善于处理人际关系,结果就导致了上下级之间的互相不支持、同级之间不协调、与下级关系的不正常,人与人之间不团结等制约管理有效性的巨大障碍,由此也直接影响到了公司整体的发展。

任何一个人都不能轻视人际关系,特别是那些成就了大事业的商界人士,他们无一不对人际关系的重要性深有体悟。曾任美国某大铁路公司总裁的A·H·史密斯就曾说:“铁路的95%是人,5%是铁。”美国钢铁大王及成功学大师卡耐基经过长期研究也得出结论说:“专业知识在一个人成功中的作用只占15%,而其余的85%则取决于人际关系。”

有人说,无论你从事什么职业或专业,学会了恰到好处地处理人际关系,你就能在成功路上比别人多走出85%的路程。所以,美国石油大王约翰·D·洛克菲勒在经过了人生的大部分春秋之后,也颇有总结性地说:“我愿意付出比天底下得到其他本领更大的代价去获得与人相处的本领。”

社会上就有这么一种人:他们能力超群,见解深刻,才华横溢,但同时他们也恃才傲物,总认为自己比任何人都优秀,是别人不可或缺的人物。因此,他们狂妄自大,不能很好地与周围的人好好相处。所以,这种人虽然很优秀,却总是与成功擦肩而过。由此可见,要想成为出类拔萃的顶尖人才,不能仅仅靠提升才能,更重要的是要拓展你的人际关系,提升你的人脉竞争力。

做人就是做事的开始,做事就是做人的结果。我们生活在一个现实的社会,只有拥有了广泛的人际关系，才有可能建立起一个庞大的信息网，才有可能比别人多一些成功的机遇和桥梁。所以，你千万不要小看别人适时的一句话或对你轻轻的一推一拉，有时候朋友的一句话、领导的一挥手，都有可能化作机遇，帮你脱离困境，或是让你在平凡的生活中得到不平凡的提升。

世事纷繁，人心不古，为人处世，举步维艰。很多人一辈子碌碌无为，就是因为他活了一辈子也没有弄明白该怎样去做人做事，该怎样与他人建立良好的人际关系。所以，一个人不管有多聪明，多能干，背景条件有多好，都不能不懂得人情世故，不知道建立自己的人际关系网，如果你就是这样的人，那么你必定只能永远是边缘人，其结局也只能是失败。

人情就是人生的财富，这就是人情最基本的目的，即结人情，交人缘，成就成功人生。

方式75 培养好“人脉关系”的圈子

关键词：做事方式·使用人脉·小圈子

适用情境：没有朋友或朋友很少的人需学习运用此方式。

我们经常会听人说道：“我们这个圈子的人……”、“大家都是一个圈子的……”

俗话说“物以类聚，人以群分”。圈子就是一个小的集体，在这个集体中，每个成员都彼此熟悉，有着共同的爱好，共同的价值，或是有着共同的任务。圈子就是一个人一生中交往和活动的主要场所，只有在这个圈子中，我们才能找到乐趣，并能受益于圈子。

在公司里，夏雨是个人人羡慕的角色：大学刚毕业就当上了“总秘”，成了离老板最近的人。“你的工作最接近高层，最容易得到老板的欢心，也最容易高升。”同事们的说法让夏雨着实兴奋了一阵子。

夏雨是在一个比较优越的环境下长大的，爸爸是一家企业的领导，妈妈是机关干部。因为父母的关系，身边的人对她都是客客气气的。从小学到大学，她在别人的赞扬声中长大，不懂得什么是“迎合”，向来是别人逗她说话，她却不知道如何在交谈中寻找话题。

正因如此，进入公司一个月后，她为如何与领导相处犯了难。不管怎样下决心，有很多话就是说不出口，哪怕是一些很正常的话，在她看来，那也是在讨好老板。一开始老板还对她问长问短，而她除了有问必答外，也绝不多说什么。

渐渐地，她发现老板不太和她闲聊了，即使说话，也仅局限于工作范围之内。工作开始没多久，她就和老板的关系陷入了僵局。

对于一个有志建立人脉的人来说，结交新的朋友、融入他人的社交圈子是非常重要的一堂课。良好的人际关系是我们人生成功的关键所在，我们只有善于与别人合作，善于主动认识别人、主动请教别人、主动关怀别人，我们才有可能获得良好的人际关系。

然而，有些人天生骨子里就散发着一股清高劲，凡事都有着一套自己的行为标准和做人原则，一旦别人的举动不在自己的标准和原则之内，他就会开始疏远、鄙视他人。但是，这种最有损于人际关系的情绪一旦表现出来，所带来的结果必然是受到大家的遗弃，自然也就不能很好地融入别人的那个圈子之中了。

一个行业、一个单位、一个俱乐部、一个兴趣爱好小组等等，这都是一个圈子。在这个圈子里，某些人的共同“缺点”在你看来是缺点，但对于那个圈子里的人来说却可能是“优点”，因为那个“缺点”就是他们的共同爱好。相反，如果某一个人没有这样的“缺点”，那个圈子的人反而会觉得这个人是另类，甚至由此而不愿意与他接近或交往。

要融入一个圈子，就不要太挑剔。你千万不要自命不凡，自以为了不起，对周围的人一律瞧不起。如果你这样做了那就是最愚蠢的，这就等于你给自己与他人之间砌起了一道高墙，有意割断与别人的自然联系，让自己陷入孤家寡人的绝境。

人际关系的圈子是需要你来培养的，只有用真诚和爱心才能建立和巩固你的人际关系。也只有团结他人，你手中的人脉力量才会更强大。所以，在一个圈子里，千万不要自己把自己孤立起来，要懂得和周围的人打成一片。有句话叫做："水至清则无鱼，人至察则无徒。"这就是说，水太清了，鱼就无法生存，而对他人要求太严格了，那你就不可能会有伙伴了。

做人不能太苛刻，看问题也不能太过于严厉，否则，就容易会使大家因害怕你而不愿意与你打交道。在一个圈子里，只有有人愿意帮助你，并不断地给你提供各种资源，你才有可能把握更多的成功机会。

还有，要扩大自己的圈子，你还要积极地接受别人的邀请。在聚会中，你会有很多机会认识到更多的新朋友，一些朋友的朋友只要经过一两次见面、接触，很快就会变成你的新朋友，这样你的圈子就会慢慢地扩大了。所以，在别人邀请你参加某个活动时，即使很不想参加，也应该愉快地去应邀。

正所谓："人和万事兴"，"团结就是力量"。仅凭一个人的能力是很难完成自己的事业的，要想成功就必须有一个好的人际交往圈子。在这个圈子里，如果人心所向都指向于你，那么你就能以最小的代价获取到最大的成功。

由此可见，朋友的多寡，社交的成败，不在于自己的能力有多高，能耐有多大，有时就在于你是选择了"随大流"还是"木秀于林"，而这一切也就恰恰在于你当时的一念之间。

每个人都有着一个圈子，一个人不可能独自存在于社会上。只有在圈子之中，一个人才能找到自己的归属感，这种归属感才能给予我们安全感。

方式76 用共同爱好拉近彼此心灵的距离

关键词:经营人脉·共同爱好·拉近距离

适用情境:想与他人拉近距离时,需运用此方式。

要想打动他人,首先就要赢得他人的注意,并牢牢抓住这个机会。这其中,共同的爱好、兴趣就是彼此交情的纽带。

要想使初次见面的人与你接近,最好的方法就是找出两个人的共同爱好。比如,两个人都爱下棋,就可以在路边的棋场相识,相互成了棋友;两个人都爱垂钓,就可以在湖边相遇成为钓友……这些共同的东西,就会把彼此召唤到一起,在共同的切磋中便可结下长久的友情。

在人际交往中,没有共同爱好是很难沟通的,如果彼此能有一样的爱好,马上就可以进入状态。而且,这种共同的爱好不分大小,即使是很小的共同爱好也无所谓,只要这样的共同爱好愈多,你们之间的距离就会愈近。

在某小区的活动场有一条清幽的小路,早晨常有很多人到这里锻炼。一位姓王的先生和一位姓高的先生,每天跑步时都会在这里相遇,有时他们就在一起一边锻炼一边聊天,从由一般的寒暄到互相了解。

在聊天中,他们发现两个人都爱好写作,这就少不了要交流一些个人体会和看法了。这种交流虽没有物质的交往,只是一种信息和思想观点的交流,但依然有很强的吸引力,都觉得受益匪浅。时间长了,共同语言越来越多,形成了习惯,不管春夏秋冬,他们都会不约而同准时到这里会合。

后来,老王调到北京还经常打电话来问候高先生,保持着密切的联系,有什么事也都会互相照应一下,一来二往两人关系早已胜过了普通朋友。

"物以类聚,人以群分",每个人的社交圈,实际上都是以自己为圆点,都是以共同爱好为半径构成的无数个的同心圆。共同爱好越多，圆与圆之间交叉的面积就越大，共同语言也就越多，也就能更容易引起双方的共鸣。这样一来，你有事相求的时候，也就好办多了。

人人都有一个或多个爱好。或许，一开始时，你们双方只有一个共同爱好。但是，你不能就此满足了，你还必须继续找出更多的共同爱好，要不停地按照对方的思路去谈论这些爱好，这样做不但对你们的交往会更有帮助，而你在有事时也会更容易地争取到对方的支持。

在生活中，越是非正式交谈越可以帮你发现共同的兴趣领域。所以，无论是在工作的闲暇时间，还是与人一起散步游玩，在你与他人搭讪时一定要多留意对方的爱好，并且要培养自己在这些爱好方面的修养，当你不断地把这些共同的爱好扩大之后，你们双方谈起来才会兴致勃勃，谈话才会更深入、更持久。

在美国电影《丛林历险记》中，就有这么一段情节：

彼此陌生的男女主人公坐在火车上，看得出，这位仁兄对坐在对面的女士颇有好感，于是他开始无话找活："小姐，要去哪里访问？你没带行李，估计不是出来旅行的吧。"

女士回答："我去菲尔德镇，没必要带行李。"

"哦，菲尔德镇，那可是个风景优美的好地方，难道不是吗？"女士笑着点了点头。

那位先生又说："对了，车站边的那个咖啡馆还在吗？一年前我去过一次，那儿的咖啡味道真是棒极了！"

女士："是的，我周末也常去那里，气氛挺不错，布置得也很有情趣。"

……

就这样，双方从一个小镇谈到咖啡、共同的爱好、对方的姓名、生活经历等等，共同的话题不断扩大。待女士下车时，彼此俨然成了一对依依不舍的朋友。

交谈要有味道，就要谈得投机，谈得其乐融融，双方就要有一个共同感兴趣的话题，引起双方的"共鸣"。

那么，对方关心什么呢？其实，人们最关心的就是自己，这是人类最普遍的心理现象。比如，当我们观看一张合影相片时，最先寻找的往往是自己，如果自己的面目照得走了样，就会认为整张照片拍得不好。

因此，你必须谈对方所关心的事情，并且要不断地提起，不断地深化，这样做对方不仅不会厌恶，而且还会认为你很关心体贴他。

所谓好的关系，就是交往双方有着许多的共同爱好，而且共同爱好愈多，两人的感情也会愈显得密不可分，即使对方是很顽固的人，也会很容易成为至交。如果你试图让结交的人对你心生好感，那么你就积极培养你们的共同爱好，这些爱好越多，你们的关系就会越密切，越密切，对方就会越心甘情愿地遵照你的意愿做事。

找到共鸣点，用共同爱好抓住对方的心理，了解他人的所思所想所需，这样办事你就会攻无不克，这也正是做事成事之真谛。

方式77 少挑毛病多赞美

关键词：做事方式·经营人脉·善于夸奖

适用情境：与人相交时，需学习运用此方式。

俗话说："人心换人心，黄土变成金。"的确，要想得到别人的认可，自己就必须先认可别人。

在日常生活和工作当中往往遇到一种人，他们喜欢拿别人不同于众的一面来议论他、贬低他、排斥他。无论他的个人意图如何，对个体的名誉或新事物的发展都起到了不同程度的负面作用。他们的共同毛病就是挑毛病、找茬儿，他们往往没想到承认别人、认可别人。

有一次，一个常年为某老总开车的司机，最近的工作态度非常恶劣，不但经常迟到，而且开车时心不在焉，让这个老总毫无安全感。

又一次出车时，这个老总并没有直接地责骂他，而是若无其事地在他面前说了一句："你也认识A先生吧？他是你的晚辈，工作态度非常认真，给人的印象非常好，而且从来都不迟到早退。"这个老板只说了这些，就不再多说了。

那个司机当时并没有任何反应，但从此以后，他的工作态度就有了360度的大转变。因为自己当上老总的司机，毕竟是一件荣耀的事情。这个资深的司机，心里一定想不能输给A先生，所以他便努力工作了。

从各人的条件看，人与人不会处在高低同一个层次，但要想获得别人的尊重，认可别人就是一个重要的途径。

无论是什么年代的人，认真地去看一看、想一想，我们都可以发现：无论是小孩，还是大人，或是我们年轻的时候，我们都一样期待获得别人的赞赏与认可。但同时，我们也往往忽略了一点，在我们都想别人认可我们的时候，我们是否先去认可别人了呢？

每一个人都有自尊心和自信心，其潜在心理都希望"站在比别人更优越的地位上"，或"自己被当成重要的人物"。如果一个人经常得到周围人的认可与支持，那么对他将是一股强大的精神力量，反之，若一个人每天面对的都是鄙视的目光，那么他也必将陷入痛苦的深渊。

从心理学上来说，这种潜在认可心理就是自我优越的欲望。有了这种欲望之后，人类才会努力成长。特别是有特定的竞争对象存在时，这种自我优越的欲望意识就会更加地鲜明。这种欲望就构成了人类干劲的基本元素。

在一所大学的学生宿舍里，人际关系就搞得非常紧张，同学们不是我把你看低，就是你瞧不起我，似乎彼此都有戒心，更谈不上彼此尊重了。有时，甚至还会为毛巾、牙膏等一些这类的小事争吵不休，从来就不知道与他人友好地相处，宿舍的气氛也因此非常沉闷。

有一次，一个同学在学校诗歌比赛中获奖了，其他同学也是对此议论纷纷，说那首诗写得一点也不好，是评委会有人暗中帮了他。于是，在那个同学兴冲冲地回到宿舍时，大家也都是一副冷冰冰的脸庞，没有人提起他获奖的事，因此他很失落。

正是这位同学，由于对同学们间的人际关系局面感到非常苦恼，于是他希望通过自己的努力来改变这种状况。他决定，从现在开始，试着夸奖他人，真心地去赞赏他人的长处，所以在以后的很长一段时间里，他总在同学面前有意无意地说："你今天气色很好！""你的眼睛真亮！""这件裙子对你再适合不过了！"等等。

不久之后，他发现，宿舍的气氛不再那么沉闷，大家开始变得相互帮助，彼此关心。在一起时，也是有说有笑，下课后都愿意回宿舍了，好像宿舍有了一种无形的吸引力。

一个年轻人在一家肥皂公司担任推销工作，有一天他来到一个杂货店的老板面前，以非常激动的口气说道："非常对不起！但我想我们一定非常有缘。我是新来的业务员，把肥皂卖出去是我的责任，您是一个经验丰富的人，请教我应该怎样去做。"

虽然这个老板刚开始时很生气，但当他被这个年轻人激发起优越感后，就笑嘻嘻地说道："那我告诉你，你最好卖便宜一点。"然后，他还对这个年轻人滔滔不绝地说着生意经，并且愈谈愈起劲，一直谈了约两小时，到最后，不但他把肥皂推销术传授给了这个年轻人，而且临走时还许诺要购买他推销的肥皂。

不论何时何地，只有认可别人的人，才会得到别人的认可。认可别人，承认别人的优点，指出别人的缺点但也要看到自己的缺点和不足，彼此优缺互补，共同提高，这才是一种明智的态度。如果你双眼老是盯着别人的缺点，容不得别人半点错误，谁还会接近你和你合作呢？

当一个人的优越感被触及时，这个人就会不断地与你接近。这样，你与他人思想感情上的共鸣就会为你的未来铺平道路，你求他人办事也就会变得更易于被他人接受了。

人和人之间的许多东西都是相互的，你怎样对待别人，别人也会怎样对待你。人们都希望获得赞美，所以我们也应该尽一切可能去认可他人。如果在处世交友中人人都乐于赞赏他人，善于夸奖他人的长处，那么，相互间的好感或友谊也将会大大增加。

方式78 经营好自己的关系网

关键词:恰到好处·经营人脉·使用人脉

适用情境:欲成大事者,需学习运用此方式。

有事之时找朋友,人皆有之,无事之时找朋友,你可否有过?

你有没有这样的经验:当你遇到了困难,你认为某人可以帮你解决,你本想马上找他,但你后来一想,过去有许多时候,本来应该去看他的,结果你都没有去,现在有求于人就去找他,会不会太唐突了?因而,在这种情形之下,你不免有些后悔"闲时不烧香"了。

有一次,笔者到一位老板朋友的公司玩,发现他几乎用了半个早上的时间在打电话:"老张呀,儿子上幼儿园的事情搞好了吗?""王姐,还胃疼吗?""小岳,猫做绝育了吗?"笔者不尽失笑,便问他的朋友:"这就是你的工作吗?"朋友对此见怪不怪地苦笑了一下,反问:"你想怎么样?半年一载不来往,无事不登三宝殿——你登的时候,人家认识你是谁吗?"

有难同当,有功独享,是事业的大忌。古语云:"敬人者,人皆敬之;爱人者,人皆爱之。"求人交友也应该具有长远眼光,尽量少做"临时抱佛脚"的买卖,而要注意有目标地长期感情投资。正所谓:"得其民者得其国。"你帮助了他们,他们自然会对你感恩,在有事之时也必然能助你一臂之力。

法国有一本名叫《政治家必备》的书,书中就教导那些有心在仕途上有所作为的人,必须起码搜集对将来最有可能做总理的人的资料,并把它背得烂熟,然后有规律地按时去拜访这些人,和他们保持较好的关系,这样,当这些人之中的任何一个当起总理来,自然就容易记起你来,这就大有可能请你担任某一个部的部长职位了。

这种手法看起来不大高明，但是非常合乎现实。曾看过一本政治家的回忆录，其中就提到过这样一个例子：一位被委任组阁的人受命伊始，心情很是焦虑。因为一个政府的内阁起码有七八名阁员，如何去物色这么多的人去适合自己，这的确是一件难事，因为被选的人除了有适当的才能、经验之外，最要紧的一点就是要“和自己有些交情”。可见，交情的作用是多么重要。如果和别人没有交情，任你有登天的本事，别人也可能不会知道你，要得到别人的赏识，更是不可能了。

中国自古就讽刺临事用人的话，其中最简练的话语就是“平时不烧香，临时抱佛脚”、“有事有人，无事无人”。这就是十足的目光短浅的最好讥语。正所谓：“平时多烧香，急时有人帮”、“晴天留人情，雨天好借伞”。

多个朋友多条路，然而世上本没有路，走的人多了才成了路，走得少，路就会荒芜。明日再想走，明明记得是平坦大道，却也会不知怎么被什么绊一跤。平时拜拜冷庙，烧烧冷灶，多烧烧香，哪怕是只言片语的问候，亦是交友之道。你想，平时不烧香，急时抱佛脚，到时你还能叩开人家的门吗？

真正善于求人的人都具有长远的战略眼光，他们都会及早做出一切成功准备，做到未雨绸缪，所以他们的事业也总能得到意料之中的成功。

那么，怎样才能保持稳固的人际关系呢？

首先，保持联系就是建立成功关系网络的一个重要条件。“关系”就像一把刀，常磨才不会生锈。若是半年以上不联系，你就有可能失去这位朋友。所以，不要与朋友失去联络，不要等到有麻烦时才想到别人。“用时是朋友”的实用主义做法，必然会伤害人际关系的健康。

其次，必要的“感情投资”也会使你的关系网更加牢固。记下关系网中的人的一些至关重要的日子，比如生日或结婚纪念日，在这些特别的日子里，哪怕只给他们打个电话，他们也会高兴万分。或者，在他们升迁的时候，向他们表示祝贺；在他们处于低谷时，向他们表示慰问，并主动提供帮助。这样的感情投资，可以说带来的都是“高收益”，往往你就会成为他们生活当中的关键人物。

此外，你还应该不断提升自我，增加个人魅力。素质高而有魅力的人容易得到别人的接纳，这是人之常情。在交往中，谦谦君子总比一般人更容易获得对方的好感，窈窕淑女同样也总能给人留下良好的印象。所以，注重提高自己的专业素养，潜意识里就渴望与比自己优秀的人建立关系，这样你就能使自己一步步得到提升，关系网中的人物也会越来越丰富。

总之，对朋友，有时候的确需要一点虔敬之心，当他是至爱、最重要的人或者三宝殿，别忘了有事没事去遛达一下，也许一起浇浇花、看看夕阳，哪怕什么也不做也比无事不登来得好。

人生在世，单个人是无法做成任何事情的。凡想做成大事者，都必须经营好自己的关系网络，学会如何借别人的力量来成就自己的事业。

方式79 靠别人壮大自己的人脉网

关键词：使用人脉·互换资源·壮大关系网

适用情境：想要成功者，需学习运用此方式。

要想创业成功，不是引“无源之水”，栽“无本之木”，而是要靠别人壮大自己的人脉网。因为每一个人要想创业，就必须有一定的条件，拥有一定的资源。

创业者所必需的资源，可分为外部资源和内部资源两个部分。内部资源即是创业者的个人所占有的生产资料和知识技能，包括有形资产、无形资产，不过这种有形资产和无形资产都属于个人。外部资源则是指人际关系资源的创立，也是创业者构建人际网络和社会网络的一个能力。

某商界的李总，平生最信奉“得关系者得天下”这一不变的准则。在他的眼里，有关系的高手就是左右逢源的人，他们四通八达，没有到不了的地方，也没有谈不成的生意；而一旦没有了宝贵的关系，则必定如履薄冰，寸步难行，既动弹不得，又奈何不了，只能面临投门无路、四面楚歌的焦虑处境。所以，见多识广的李总每天忙碌的工作就是广积“关系”。

“关系”是一种看不见又摸不着的东西，虽不能像珠宝店里的珍珠一样明码标价，但黄金珠宝却是与“关系”的含金量不可相提并论的。但是，如何壮大自己的关系网络呢？也许以前的一位哲人说过的一句话正是我们壮大关系网络的最好方法。一位哲人说：“你手上有一个苹果，我手上也有一个苹果，两个苹果交换后每个人还是一个苹果；如果你有一种能力，我也有一种能力，两种能力交换后就不再是一种能力了。”

其实，对于人脉资源也是这样，当两个人交换人脉资源时，就可以都拥有更加丰富、完善的人脉关系网了。只要我们有心，完全可以从他人那里换来所需的人脉网络，从而壮大自己的关系网。

假如你认识一个人，但你却不一定认识他的朋友，但那个人说：“下星期我们有个聚会，你来参加我们的聚会吧。”你到那儿去聚会，就会认识一些来自五湖四海的本来不相识的人，从而使自己的关系网中又多出了这位朋友的朋友这些人。

而且，每个人又都有自己的人脉关系网，这些人脉关系网又是不一样的，所以当你认识了这些人，也就意味着不久的将来又会有另一个人脉关系网加入你的网络之中。这就如同数学的乘方，只单单以这条主线来建立你的人脉关系网，速度就会十分惊人！

有一家公司的老总，在商界打拼了多年，也算是交友广泛了。可是，由于自己公司经营项目的限制，原来结交的人际关系大多是一些和公司开发项目有关的人士。所以，最近他正在为打通科技方面的人脉而发愁。公司新研发的项目也因为这一环节而苦苦找不到人脉关系而不得不搁浅。

正当发愁之际，一位商界的老朋友给他打来了电话，想让他帮忙请一位广告界老总来参加他举办的宴会，他最近正要推出一个新的品牌，所以希望能经过朋友介绍得到广告界的支持。于是，在宴会中这位老总也经过老朋友的介绍认识好几位科技方面的人士，可谓对他的帮助是太大了。

靠别人壮大自己的人脉关系网，其实就如同做生意一样是一种平等交换。

我们与朋友之间之所以能够维持互动关系，正是因为我们各自有可以提供给对方的东西，而且这种交换是不同价值的交换，是通过交换来弥补各自的需要的，所以这种交换对双方都有意义的。

人脉关系就是一个巨大的网，这个网中的每一个节点都能为你带来一条人脉的线。而且，这种人脉关系大多是通过社交中的沟通而获得的，可以说利用这种方式积累人脉资源的成本也是最低的，更是最节省时间和精力的。没有人可以限制你的人脉关系网的发展空间，唯有你自己可以决定，可以让它无限大，也可以让它无限小，这就看你的努力程度了。

要壮大自己的人脉关系网，就要学会与别人互换人脉资源，这就是壮大自己的最好的、最有效的方法。假设，有一个人，他对你冷漠，既不能与你信息共享、情感沟通，也不能与你相求相助，但一有困难就跑来找你，这样的人你会和他做朋友吗？恐怕不会。

朋友之间的关系不是索取和奉献，而是彼此互求互助。如果你想赢得朋友，那就必须在你们之间有种互利关系，这就是牢固你们关系的一个根本。

方式80 提高自己“被利用”的价值，让别人来“用”你

关键词：使用人脉·扩大人脉·使用价值

适用情境：想拓展人脉时，需学习运用此方式。

“自己是个半调子，哪里来的朋友？”这是高阳先生的小说《胡雪岩》里的一句话，这句话就相当贴切地描写出了拓展人脉的秘诀。要建立强有力的关系网，有一个最重要的前提，那就是你要对别人有用、有价值，别人才会愿意和你交往。

人们的一切人际关系的建立与维持，都是人们根据一定的价值观进行选择的结果。那些对于自己来说是值得的人际关系，人们就倾向于建立和保持。而那些对自己来说是不值得的，或是失大于得的人际关系，人们就倾向于逃避、疏远或者终止。

刘克是个活泼的小伙子，也很喜欢交友，大学毕业后他找了一份机关单位的工作，尚处于试用期。在工作中，他很佩服那些有能力的同事，而且也希望自己能融入对方的圈子，但当刘克靠近他们的时候，有些人对他似乎并不太热情，有的甚至对他爱答不理。起初，他感到很困惑，同事之间难道不应该相互帮助吗？这种困惑直到后来偶然间听到的一次谈话，才让他明白了其中的原由。

有一次，他偶然听到有同事在背后议论他："刘克对我那么好，估计是想从我这里学到一些东西，关键是他什么都不会啊。对我没任何帮助，帮他还不如帮老刘处长的外甥呢。"

"就是！"另一个同事也随声附和道。

同事所说的"老刘处长的外甥"就是刘克的同学，他们毕业后一同进入了这家单位。但是，这个单位只需要一个名额，所以他们两个年轻人都还处于试用期，只有等到试用期过后才能决定留下哪一个。

刘克听到这些对话后，非常生气，他气愤那些同事们都是些势利的小人。但他也明白，同事并不欠自己的，更没有理由"应该"帮助自己，所以，他知道，之所以有些人对自己不感兴趣，正是因为自己还不具备让人感兴趣的能力与条件。

于是，刘克在以后的工作中变得非常努力，并利用假期参加了职业进修班，提高了自己的职业技能。因此，在接下来的工作中，他不断地创造佳绩，很快就受到了领导的器重。而且，以前对他不感兴趣的同事们，也渐渐地开始对他表示好感，甚至还有一些老同事要给他做媒！

理所当然，试用期结束，他被留了下来，而那个老刘处长的外甥则被淘汰了。

时刻增加自己可被利用的价值。这听起来虽有点别扭，但是这个道理不仅真实，而且还很实用。

一些人抱怨朋友不讲交情，不够哥们儿。其实，引起这种抱怨的主要原因就是自己的某种需求没有得到满足，但是，你又是否想过自己给别人提供过什么价值吗？很多年轻人只顾眼前利益，与人交往的时候总想着别人给了自己什么，而很少想到自己能为别人提供什么，这种怕吃亏的心理到最后往往最吃亏的就是自己。

要知道，人与人交往是需要互惠互利的，当我们与他人交往时，无论怎样亲密的关系，都应该注意从物质、感情和其他各方面进行“投资”，否则，原来亲密的关系也会转化为疏远的关系，使我们面临人际交往的困难。

不断增加自己的价值，无论是物质层面，还是精神层面，都是必需的。就交往程度来讲，精神层面显然比物质层面要深一层，而且更有效果。比如见面时带去一些新的信息，交换一些看法，带去一些业务机会等，只要有助于他们达到自己的目标，都会受到欢迎。

在人际交往中，你一定要让别人觉得与你的交往很值得。如果别人主动与你建立关系时，发现你不过是个腹中空空的草包，那么想必他对同你做朋友也不会有多大兴趣。

人脉的最高境界就是互利。人之所以需要与人交往，就是既要满足自己的某些需求，又要满足于别人对自己的需求。那么怎样才能满足别人对自己的需求呢？方法只有一个，那就是提升自身的价值，说白点，就是增加自己可被人“利用“的价值。

因此，我们不能一味抱怨别人是多么势利，而是应该多想一想自己可以为别人提供什么价值？

一般情况下，人们的好感都会自然而然地流露给那些能给自己带来利益的人，就像每个人都希望结交能对自己的成长有益的人一样，所以当你让对方感到与你交往对他们的进步有益时，那么你在他们那里才会得到更多的器重。

方式 81 把自己变成他人的“自己人”

关键词:恰到好处·使用人脉·自己人

适用情境:处于危难之中需要别人帮助时,可学习运用此方式。

每一个人都需要别人的帮助,上司、同事、朋友都可能是你的贵人,为什么在关键时候,别人愿意为你伸出援手?原因很简单,因为你将心比心、有情有义、以诚相待。

当别人感受到你“有情有义”的时候,他们会视你为自己人,因此有机会会给你,有困难会帮助你,每一个人也都在情义相挺之下,不断在危机中化险为夷;也在情义相挺之下,得到人生最大的机会。

单枪匹马闯天下的时代已经过去,一个人要想成就一番事业,必定少不了别人的帮助。因此,高明的交际专家总是这样认为:团结一切可能团结之人,在最广的程度上赢得好人缘。尤其是年轻人,完全可以和地位较高的人亲近,多结识几个“重量级人物”。这样,在关键时刻或危难之际,这些生命中的“贵人”才有可能帮你一把。

第一次世界大战中,法兰西的陆军元帅福煦曾说:“青年人至少要认识一位善通世故的老年人,请他做顾问。”萨加烈也说:“如果要求我说一些对青年人有益的话,那么,我就要求你时常与比你优秀的人一起行动。就学问而言或就人生而言,这都是最有益的。”

正确的交友方式是,我们可以从劣于我们的朋友中得到慰藉,但也必须结交优秀的朋友给我们以刺激,以助长勇气。因而,那些事业成功的人,总是以比自己优秀的朋友为榜样,不断地促使自己力争上游。

有这样一位年轻人,他应聘了几家单位都被拒之门外,感到十分沮丧。最后，他又抱着一线希望到了一家公司应聘。但在此之前，他先去打听该公司老总的历史。

通过了解，他发现，这家公司老总以前也有与自己相似的经历。于是，他如遇知音一样，在应聘时与老总从一开始就畅谈起了自己的能力、经验与求职经历，并谈了对所应聘职位的设想及应聘成功后将怎样开展工作。

果然，这一席话博得了老总的赏识和同情，最终他被录用为业务经理。

这个年轻人就很聪明，他就懂得通过寻找自己和老总相似的经历以及为该公司考虑来入手，从而拉近了与老总的距离，让老总感到了一种从未有过的亲切，而得到老总的赏识。

这个现象在心理学上就叫做“自己人效应”。把自己当成他人的“自己人”，就能在心理上与他人产生共鸣，找到与他人沟通的连接点，可以消除他人的逆反心理，拉近与他人的心理距离，使他人更容易接受你的观点和情感，让他人觉得你是真正地在为他考虑。

一些年轻人之所以在前辈面前容易失败，主要是因为不善于和前辈交际。于是，一些人便认为要与伟大的朋友缔结友情，就跟第一次就想赚百万美元一样，是相当困难的事，因而，自己站在伟大的朋友面前，心里总是忐忑不安，从而差错百出。

因此，要想使对方接受你的观点、情感，你就必须把对方视为与自己一体，或把自己视为对方的“自己人”，这样双方的心理距离就近，沟通起来事半功倍。

在这里，要把自己变成他人的自己人，其实也是有一些技巧可以掌握的，以下几个方面就是应该特别注意的：

——找出自己与伟大人物的共同点

与伟大的朋友在一起时，你应多强调双方一致的地方，使对方觉得你是“自己人”，从而使你提出的建议易于被接受。比如上面的故事中，那个应聘的男青年让老总意识到两人有相同的经历与观点。这就是很好的方法。

——使双方处于平等的地位

无论你是过于自信觉得高人一等，还是自卑觉得不如别人，都是不对的。要想获得对方的信赖，就要懂得和对方缩短心理距离，与之处于平等地位，这样就能提高你的人际影响力。要知道，只有平等的双方才有和谐的交流，心理距离才最短。

——增加你的“信用品质”

人们一般都喜欢真诚、热情、友好的人，讨厌自私、奸诈、冷酷的人。所以，你的内在品质能让他人觉得你所说的话是真实的，而不是为了迎合他人而故意编造的。从而，就可以能产生出持久吸引力，以利于“自己人效应”的产生与发展。

——把对方放在心上

把对方放在心上，是赢得别人尊敬和好感的有效途径。你轻视一个人，就不会把他放在心上，对他的一切都漠不关心；你重视一个人，你就会关心他的感受，关心他所处的状况。而当他感受到你的轻视或重视后，也会报以同样的态度。所以，当你想改善和巩固跟某个人的关系时，把他放在心上，无疑是最为有效的方法。

要想跟他人处理好关系，或是让关系更加亲密其实并不难，你要做的就是将自己变成他人的“自己人”。你一旦成了他人的“自己人”，那么，人际之间的摩擦事件与心理冲突就会大大减少，就能更容易建立起良好的人际关系了，也就能变得什么事都好说了。

方式 82 平时存人情，日后好办事

关键词：使用人脉·经营人脉·多存人情

适用情境：希望日后好办事者，需学习运用此方式。

人情就像在银行里存款一样，存入的越多，存入的时间越长，兑现出来的利息就会越多；反之，存入的少，存入的时间短，支取的利息自然也就越少。

在银行里存入的钱不可透支，人情也不可透支。你支取多了，超过了你存入的数额，你就犯规了，不但不再有人情可以支取，别人还会认为你不近人情，不知好歹。所以。一个人动用人情的次数要尽量少，以免提早把人情存款用光。

当医生的王小姐早在两年前曾因自己的孩子转学一事求过教委的一个同学，而且也送了些人情钱，可对方没要。这下可好，在接下来的两年内，那位同学便多次带着亲友、朋友来医院找王小姐帮忙，有些事根本不能办，像半价 CT、婴儿性别鉴定、高价病房算低价等等，着实给王小姐出了不少难题。还了人情的王小姐，后来就想办法渐渐疏远了这位同学，再后来两人就索性不再交往了。

可见，依靠人情办事是有一定限度的，透支了反而令人很尴尬。

古代有位大侠郭解。有一次，洛阳某人因与他人结怨而心烦，多次央求地方上有名望的人士出来调停，对方就是不给面子。后来他找到郭解门下，请他来化解这段恩怨。

郭解接受了这个请求，亲自上门拜访委托人的对手，做了大量的说服工作，好不容易使这人同意了和解。照常理，郭解此时不负人托，完成这一化解恩怨的任务，可以走人了。可郭解还有高人一着的棋，有更技巧的处理方法。

一切讲清楚后，他对那人说："这个事，听说过去有许多当地有名望的人调解过，但因不能得到双方的共同认可而没能达成协议。这次我很幸运，你也很给我面子，我了结了这件事。我在感谢你的同时，也为自己担心，我毕竟是外乡人，在本地人出面不能解决问题的情况下，由我这个外地人来完成和解，未免使本地那些有名望的人感到丢面子。"

他进一步又说："这件事这么办，请你再帮我一次，从表面上要做到让人以为我出面也解决不了问题。等我明天离开此地，本地几位绅士、侠客还会上门，你把面子给他们，算做他们完成此一美举吧，拜托了。"

人都爱面子，你给他面子就是给他一份厚礼。有朝一日你求他办事，他自然要"给回面子"，即使他感到为难或感到不是很愿意。这，便是操作人情账户的全部精义所在。

经常有这样的人，帮了别人的忙，就觉得有恩于人，于是心怀一种优越感，高高在上，不可一世。这种态度是很危险的，常常会引发反面的后果，也就是帮了别人的忙，却没有增加自己人情账户的收入，正是因为这种骄傲的态度，把这笔账抵消了。

结交人情的关键就在于情意厚，在于怀着一颗平常心厚待周围的每一个人，这样你的人情也会越存越多，别人才会愿意为你所用，才能成为无往而不得、所求无不遂愿的、会办事儿能办事儿的人。

因此，依靠人情办事，也有许多分寸是要讲究的。你只有充分把握好这些使用人情的分寸，你才能把人情用得恰到好处。

首先，你在办事时，如果能少用人情就要少用，不用人情时就不要用。

一般说来，一个人有多大的人情，就会获得多大的回报。依靠人情办事，就是求得人情的回报。这些人情就是你通过帮别人忙和给别人办事而获得的。帮过别人的忙，别人就欠下了你的人情，帮助别人越多，别人欠你的人情就越多。所以，动用人情时一定要减少用的次数，以免提早把人情存款用光。

其次，人情要用在刀刃上。

在求人办事儿时，先要弄清你与对方的友谊究竟有多深，人情究竟有多重，然后再掂量掂量事情的分量，看看是否适宜找对方帮忙。如果你不了解这些，动辄求人帮你的忙，那么你就会发现，你慢慢变成了不受欢迎的人。

再者，就是时取时存。

获得人情是一件很不容易的事，只凭借三天两早晨的工夫是得不到人情之垂青的。所以，人人都重视人情，珍视人情，有些人宁可去践踏真理，也不肯去践踏人情。所以，人情储蓄不能即存即支，如果你急于找后账，急于在这笔人情账中得到回报，你就犯了人情世故的大忌。你就会在找这笔账中既丢掉人情，又丢掉面子，同时也会丢掉做人的本分和进退的分寸。

总之，你一定要记住，人情不能透支，不要把人家帮你忙当成是应该的，一定要做到有“提”有“存”，再“提”还“有”才算恰当！

第十一章

恰到好处地借势借力

借他人之力办自己之事

俗话说得好:“好风凭借力。”一个人在事业上要想获得成功,除了靠自己的努力奋斗外,有时还要借助他人的力量才能事半功倍。“借力而行”是为人处世成大事的最高境界,是完成自己人生使命的有效途径。所以,会不会借,能不能借,也会关系到你的人生目标和事业的宏图。借得对,就会大大裨益于自己的理想和事业,相反,就会功亏一篑,竹篮打水一场空,自己的宏图伟业也作烟云散,因此不可不慎重对待。

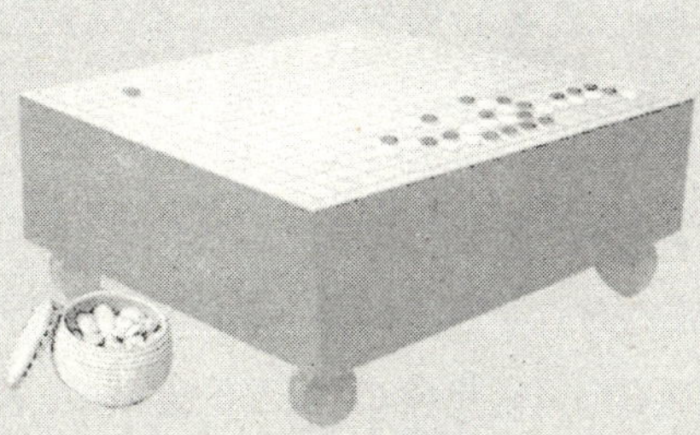

方式83 顺水行舟更易行

关键词：恰到好处·借势借力·顺水行舟

适用情境：要想轻松办事，需学习运用此方式。

大家都知道，顺水行舟是一件轻松的事，而如果逆水行舟则会非常吃力！

其实，做人做事也是这样，做同一件事有的人做得轻轻松松、事半功倍，那正是他找对了方法，搞对了顺序；有的人却满头大汗、事倍功半，那很可能是他按错了门铃，送错了信。当然，搞错问题，登错了门，一阵乱窜乱撞，到头来只能是吃力不讨好。

遇到问题，在轮廓都还来不及看清楚之前，便一股热血充上脑门，不分青红皂白地一味埋头蛮干，或是一阵乱枪打鸟，是一种不好的做事习惯。只有借力而行才是聪明者的明智选择，只有借力而行你才会是一位高水准的智者。

荀子在《劝学》中就有一段对善于借助外在力量的精彩论述："登高而招，臂非加长也，而见者远；顺风而呼，声非加疾也，而闻者彰；假舆马者，非利足也，而致千里；假舟楫者，非能水也，而绝江河。君子生非异也，善假于物也。"

荀子的这些话就是说，人只有登上高处，挥动手臂，在很远的地方才能看到；顺着风向大喊，你的声音才能显得洪亮，而且能够传得很远，让人听得清楚；而你要远足，也只有借助于车马，而不用自己的腿去跑，你才能行走到千里之外；所以，即使你水性不好，只要懂得借助船只，照样能渡过大江大河。

智者当顺势而行。只有善于借助身边的所有力量，你才能顺畅圆满地完成做事的任务，赢得别人的喝彩，更能使自己心情舒畅、事业有成。就如同打太极拳一样，只要掌握顺势而为的方法，你就能化解种种迎面而来的难题。

魏文王问名医扁鹊说："你们家兄弟3人都精于医术，到底哪一位最好呢？"

扁鹊答："长兄最好，中兄次之，我最差。"

文王再问:“那么为什么你最出名呢?”

扁鹊答:“长兄治病,是治病于病情发作之前。由于一般人不知道他事先能铲除病因,所以他的名气无法传出去;中兄治病,是治病于病情初起时。一般人以为他只能治轻微的小病,所以他的名气只及本乡里。而我是治病于病情严重之时。一般人都看到我在经脉上穿针管放血、在皮肤上敷药等大手术,所以以为我的医术高明,名气因此响遍全国。”

正所谓:“看风使舵稳,顺水行舟轻”、“好风凭借力,送你上青云”。古代,李白诗作:“朝辞白帝彩云间,千里江陵一日还。”苏东坡坐船回老家,走的和李白是同一条路,却整整花了3个月。其原因就在于,李白顺水行舟,苏东坡逆水划舟。

古人说,智者当借力而行;今人说,借力而行当为智者。借力才能不费力,一个懂得借力的人才能更容易地走得更远,才能更容易地得到自己想要的成功,成就才能更辉煌。

“顺水行舟易,逆水划船难。”做事情,解决问题,首先要找对目标,用对力气,思维有条有理,这个损耗才会最小,内在的和外在的协调有序,这样做起事来才会有节奏,从小到大越累积越多。

方式84 化“势”为利,为己所用

关键词:借势借力·化“势”为利·借势办事

适用情境:不顺应时势办事者,需学习运用此方式。

势就是人生的制高点,要想争取到,就得主动抢占它、利用它。只要懂得并善于用势,即使弱者也能变成强势,办起事来也会像山坡上滚下的圆石,所当者靡,所击者败,战无不胜。

犹如大鹏奋力向上，而不先朝自己的目的地飞一样。我们为了实现自己的目标，也必须学会寻找对自己最有帮助的那个“势”，这个“势”既是形势、地势，也是时势、人势，但归结为一个词就是优势。化“势”为利，为己所用，这就是最聪明的做法。

格林的童话中，有一个聪明的小裁缝，他被国王派去对付森林里的两个无恶不作的巨人。但是，只凭小裁缝的力气，是打不过两个巨人的。可是，他又不能不去，因为不去就是违抗王命。

这样一来，看起来，小裁缝去也是死，不去也是死，这可怎么办？但小裁缝自有妙招。

小裁缝进入森林之后，发现两个巨人正躺在一棵大树下睡觉，于是他便捡了很多石头爬到那棵大树上。小裁缝从大树上向其中一个巨人的胸膛上扔石头。

那个巨人被石头打中就惊醒了，他推了同伴一把说：“你为什么打我？”

“你在做梦吧？”睡得迷迷糊糊的同伴回答道。然后，两人接着又睡着了。

过了一会儿，小裁缝又向第二个巨人的身上扔石头，如此反反复复。两个巨人都以为是对方在干扰自己做美梦，非常愤怒，随后便动手撕打了起来，直打得筋疲力尽，双双倒地而亡。

小裁缝聪不聪明？聪明！他的聪明就在于懂得借用巨人之“力”杀了巨人，不仅使自己绝处逢生，也为百姓除了两大祸害。

古语云：“迅风驾舟，千里不息；纵帆不收，载青及溺。”要办大事就要学会借势，只有你懂得借助于“势”，你才可以以少胜多、以弱胜强、以小搏大、转危为安。正如台湾巨富陈永泰所说：“聪明人都是通过别人的力量，去达成自己的目标。”

在森林里，老虎是最凶猛的野兽，可以号称森林之王，所以其他动物或多或少都惧怕老虎的威力。

一天，老虎正在深山老林里转悠，一双凶馋的眼睛四处搜索着自己的午餐。这时，碰巧一只狐狸来到了他面前。狐狸一看大事不妙，转头便想溜走，不料想却被迅猛扑过来的老虎一把捉住。

狡猾的狐狸看自己已无法逃脱,便在情急之中计上心来。它一本正经地斥责老虎说:“你怎么敢吃我?我是天帝派来管理百兽的,你要是吃了我,那就是违抗了天帝的命令了。”

老虎一听,就愣住了。

狐狸马上接着又说:“你要是不信,就跟在我后面走一趟,看看是不是所有的野兽见了我都得赶快逃命。”

听狐狸说话的口气,和它那强硬的态度,老虎也对此将信将疑,于是决定跟着狐狸去看个究竟。

就这样,狐狸在前面走,老虎就跟在后面,朝森林里走去。当然,森林里大大小小的野兽们看见了狐狸大摇大摆、耀武扬威地走过来,后面还跟着一只张牙舞爪的大老虎,都吓得拼命地四处奔逃。

老虎看到这种情境,也认为它们就是被狐狸的威风吓跑的,于是彻底地相信了狐狸的话。可它也怕天帝怪罪自己,万一做出了什么对自己不利的举动,于是也慌慌忙忙地逃走了。狐狸也因此得以从虎口中脱离了危险。

这就是我们所熟悉的“狐假虎威”的故事,而且这个故事的寓意也十分明了,就是野兽们并不惧怕狐狸,而是畏惧它身后跟着的“老虎”,但是老虎却不知道这一点,还误认为是狐狸吓跑了野兽。

其实,这种借助他人优势来彰显自己的谋略,在我们做事的时候也是可以应用的,因势定谋,借势成事,趋时乘机,灵活机动,那么你做起事来同样会无往而不胜。

现实世界是一个变化莫测的社会,懂得借势就是一种大智慧,是聪明人常用的一种成事之道,它往往可以利用对方的优势,来弥补自己才智和人力上的不足。如果一个人不能随着形势的变化而变化,势必会落伍,甚而处处碰壁。

明代冯梦龙在《醒世恒言·卖油郎独占花魁》说:“自古道,靠山吃山,靠水吃水。”“靠山吃山,靠水吃水”,所指的意思就是在人所在的地方有什么条件,就依靠什么条件生活。

如今，人们所依靠的自然资源其内涵已大大延伸，远不仅限于狭义的山和水。靠文凭吃文凭、靠关系吃关系、靠父母吃父母等大有人在。我们知道，不是每一件事都是你想做就能做成的，有时你越想做成反而越做不成。原因之一是你还没有足以控制它的能力，二是你还不能摸清它的特点。聪明人能够在“借”字上下工夫，积极主动地去寻找“跳板”，力图凭此跃起，达到自己想要的高度。

在生活中，有很多人抱怨没有机会，他们往往是坐等机会。如果没有机会，就认为自己是一个不幸的人，觉得这个世界不公平，这种想法是大错特错的。具有这种想法的人，也必定是那些消极的人，对于一个积极的人来说，他们决不会慨叹命运的不佳，而是会主动出击，为自己创造机会，去寻找有利于自己的“势”。只有这样，他才能找到施展自己才华的机会，才是一个成就事业的有心人。

一个人只有顺应时势、善于因势利导，才能成就大事。善于借势，一顺百顺，事事如意；不善于借势，只会处处掣肘，举步维艰。

方式85 看清大局，借势生风

关键词：借势借力·识时务·借势生风

适用情境：人生要想成为成功者，就需学习运用此方式。

俗话说：“识时务者为俊杰。”人生其实没有秘诀，就看你如何把握时机。其实，一个人的一生中，机遇是非常少的，所以当机遇来临之时，千万不要放过。

一个人要成功，虽然要有良好的个人素质，但要取得良好的发展，外部机遇这个因素也是绝对不可缺少的。所谓俊杰，并非专指那些纵横驰骋如入无人之境、冲锋陷阵无坚不摧的英雄，更包括了那些看准时局、能屈能伸的聪明者。

《警察故事》是成龙主演的个人英雄主义式的香港电影，其中的故事情节我们大多数人都已很熟悉了。

但是，你是否注意过，在电影里成龙所扮演的角色，无论是身高、力量还是搏斗的技巧，都不是最强的。在空旷的地方面对面“比武”的时候，矮小的成龙往往会被对手轻易击倒。可是，只要在地形复杂的地方，成龙的优势就会凸显出来，往往能在别人想不到的时候出手，想出一些别人想不到的攻击办法。比如，把辣椒嚼碎吐在手上，出其不意地攻击别人的双眼，辣得对方睁不开眼睛，于是反败为胜。

善于借力打力，通过借势完成自己的任务，这就是成龙所表现出来的中国人的智慧。

变，是时代的步伐；一成不变，就等于脱离了时代的步伐。没有一个人能够脱离时代，因此，也就没有一个人能脱离变化，变化是永恒的、无休止的。“物各有时”所指的就是一种机遇，这里的“时”不是“时常”的意思，而是指“适当的时候”。所以，机遇的来临也是若隐若现的，要把握好并非易事。但是，有一点是可以肯定的，那就是机遇光临有心人的次数，总要比无心人的次数多得多。

同样，我们做别的事，也应当如此。抓住良机，就是一个人的本事，否则你两眼模糊，就会被假象所惑，看不清事情的本质，从而浪费许多精力。所以，最成功的成事之道就是——抓住时机，找到要害再动手！

那么，怎样才能找准做事的切入时机，抓住事物的要害呢？首先一点就是，要有高瞻远瞩的目光，又要有明察秋毫的眼力。

事情有大有小，有轻有重，是放弃西瓜拣芝麻，还是丢掉芝麻拣西瓜，这既可能涉及自身的利益，又涉及到他人及整体大局的利益。所以，在这样取舍两难的选择之间，就应该掂量一下事情的分量，尽量采用舍小取大、弃轻取重的处理原则。这样，虽然丢掉了小利，但所换取的可能就是大利或大义。

在庄子所著的《南华经》中，就有这样一则寓言故事：有一条鱼，名叫鲲，长几千米。这条大鱼化成了鸟，名叫鹏。鹏有几千米长，它展翅飞翔，羽翼就像云彩一样向外伸展，遮住了天空。鹏在大海上空，朝南向自己要去的地方——天池飞去。

可是，大鹏飞翔时，却是先旋转气流，将气流旋成旋风，然后再乘风升上九万里。但是，为了达到这个高度，它就耗去了6个月的时间。

那么，为什么大鹏要旋转气流，上升到那么高的高度呢？这关键就在于，只有这样大鹏才能借助气旋来飞行，如果没有气旋的力量，大鹏很可能飞不了多久便会因体力不支而落到地上。如此一来，又怎么能实现去天池的理想呢？

因此，大鹏背负青天，扶摇直上，直至离开地球的大气层，飞到遥远的高空。尽管有较少的小鸟依然叽叽喳喳，唠叨它的愚蠢，但它却毅然展开巨大的双翅，到了有足够的空间供它展翅飞翔时，它才开始遥远的征程，毫不费力地向南朝天池飞去。

任何事业，从某种意义上讲都是有局限的事业，都会在一定的大局之内，要想把事业做好，就必须先察大局，认清其有利条件和不利条件。看准大局的发展趋势，然后借势生风。不然的话，纵有千条妙策，亦难有所作为。纵使有所作为，也往往会因为全局的不利，而使作为暗淡无色，没有多大成就。

每个时代都有那个时代的机遇，没有谁生逢其时，也没有谁生不逢时，关键是你有没有发现机遇的敏锐眼光，你有没有果断出击的决心和整合资源、把握机遇的能力。就如同一张木桌，表面光滑密实，没有任何缝隙。但如果你是枚钉子，仍然可以挤出空间把自己订进去。

许多事物就是这样，只要你用心去研究，去审视了，那你就可以分得出哪是好哪是坏，哪是利哪是弊了，自己的成与败也就掌握在自己手中了。正如古语所言："百智之首，知人为上；百谋之尊，知时为先；预知成败，功业可立。"这就是说，做事要一把抓住问题的要害，只有这样才是成大事的必要条件。

可见，一个人要成大事，必须做识时务之人，发现客观的需求，寻找得胜的时机，这样人才会立于不败之地。

方式86 把“窝边草”变为“后备军”

关键词：做事方式·借势借力·窝边草

适用情境：需要别人帮助时，可运用此方式。

人们常用“窝边草”来说明人的私生活，类似于“红杏”的意思。也就是说，吃“窝边草”的人就是“红杏出墙”了。

“兔子不吃窝边草”，表面意思是说兔子不吃自己窝旁的草，既有自我保护意思，也有“早晚是自己的”一种坦然。实际上，兔子才不管这些，它们出了窝就吃，走到哪就吃到哪，才不管“窝”不“窝边”。所以，关于“兔子不吃窝边草”的原因也有很多说法：

——兔子的窝边草是用来掩护它的窝的，吃了窝边草就等于是自毁城墙；

——兔子根本不吃草，所以也不吃窝边草；

——兔子为了减肥，宁愿跑远一点去吃草来锻炼以保持身材；

——兔子是远视，看不到近处窝边的草；

——兔子的吃喝拉撒睡全在窝边进行，可能窝边的环境已经被兔子自己给污染了，所以只吃其他地方眼不见为净的草；

——窝边草离得这么近，没有挑战性，吃了会被“他兔”笑话；

——兔子的妈妈，不准小兔子乱吃零食。

想当然，这些说法不能不说有些调侃的意味。

其实，人们引用这句俗话，其目的所在就是取它“与邻为善”的引申义，告诫人们别在家门口上做不应该做的坏事。然而，对于借人成事，一味地信奉“兔子不吃窝边草”的说辞，却是有所偏僻，是不恰当的。不吃“窝边草”，偏要跑到远处去“吃草”，这就有点舍近求远的意思了。

前不久，在网络上就看过这样一个带有讽刺意味的笑话：

一位朋友的妻子快要分娩了，被送进了妇产科的分娩室。分娩室有待产床和产床，她被安排在待产床上，全身的衣服都被脱掉了。

开春时节，北方已过了供暖时间，所以产室里很冷。

可是，快两个小时了，这位朋友的妻子还是一直干巴巴地躺在冰冷的待产床上，医生也不过来安排，反倒是一帮男女实习生蹦豆一般地一会来一个，拍拍她滚圆的肚子，然后又走掉了。

丈夫急得在门口直转圈，找医生，医生说还没到生的时候呢，等着。终于，妻子再也受不了了，在一个实习生又来拍她滚圆的肚皮时喊道"你们拍西瓜呢？别再来拍了！"丈夫也堵在了门口不再让实习生进去了，但见妻子光溜溜地躺在冰冷的产房又心疼又着急，心想要是有个医院的熟人就好了，可慌乱之中却忘记了自己的一个同学正在这家医院当医生。

凑巧，那位同学到妇产科这边办事，见他在产室门口转圈子，就问他在这干嘛呢？他一时也没回过神来，只说自己的妻子在产室呆了两个小时了没人管。那同学说你咋不来找我呢，就赶紧去找医生。丈夫这才回过神来，一时急得忘记自己的同学就在医院，害得妻子遭了两个小时的罪。

同学出面果然不一样，医生各就各位，10分钟，妻子就顺利地分娩了。可见，现在办事，有人没人就是不一样，同一件事会有两种结果。试想，如果不是正巧遇见了他的同学，这说不定妻子还要等到什么时候呢？

古人常说："血浓于水。"其实，我们身边的人，身边的"窝边草"，恰恰是我们人脉资源中最亲近的一脉，遇到困难事，只要张张嘴，忙肯定是要帮的。自然，在这些人中也就会有不少最佳的人脉人选，待你去发现。

比如，你的长辈、兄弟，他们的工作内容可能和你毫不相关，但他们却交了一些能帮助你的朋友。这样一来，你的长辈和兄弟就可以作为中间人帮你把事办成了。再进一步说，如果以长辈和兄弟为媒介，你还能找到更多这样的朋友。

不要忽视你遇到的任何一个身边的人，因为，在人生道路上，你并不知道前面有什么在等待着你，你也不知道谁的手拉起你向前飞奔，所以，无论是你的朋友、同学、邻居、领导，甚至父母、亲戚，这些熟人的力量你都要善于把握，说不定他们就是那位能助你一臂之力的人。

"有没有认识人"，往往是办事成功的必备要素，所以亲戚、朋友、同学这些"窝边草"都是我们的"后备军"，一经认识就要咬住不放，以备不时之需。只有这样，你才可以避免出现"书到用时方恨少，事到难时盼熟人"的窘境。

所以，想成大事者，最紧要的任务就是从自己身边的人做起，擅长吃那些"窝边草"，从他人那里获得资源、获得力量，这才能凝聚自己强大的力量。

方式 87 善借各种外力提高自己的知名度

关键词：恰到好处·善借外力·知名度

适用情境：想成为成功人士者，需学习运用此方式。

能力在人，尽善在天，如果你有能力有才华，不施展出来，就等于是浪费。

在我们身边，很多人都有一个误区，似乎一提"借光"便是借某人的势力，其实这是片面的误解。借权贵名流为自己所用，只是借光的常见形式，实际上，凡是能让我们为人做事增光添彩的人、物、事、情，都是借光的范围，比如祖宗、衣服、籍贯、才智、言论等等，不一而足。

只要动机纯正，借助各种外力提高自己的知名度和办事效果，是被社会承认的方式之一。我们不可妄加指责，斥其一无是处。

古往今来，借助于名人之力成功的事例可谓数不胜数。汉高祖刘邦立太子的故事就是其中之一。

汉高祖刘邦共有 8 个皇子，生母不一，为了争夺太子之位，展开了子与子、母与母之间的明争暗斗。刘邦有意立戚夫人之子如意为太子，可吕后想立自己的儿子盈为太子，她便找张良帮忙。

张良献上一计："皇上一直想招聘4个在野的贤人出山，但他们始终不肯，若将他们迎为宾客，太子常请此4人赴宴，必会被皇上看见而问其原因。"果然不出张良所料，高祖看见盈能请来不肯为自己出山的四贤人，认为盈为人恭敬仁孝，能让天下名人慕名而来，终于立盈为太子。

可以说，盈的成功就完全仰仗了四大贤人的盛名，借助于他们的名望得到了皇帝宝座。

中国人历来看重宗族亲情，以至在今天仍然盛行"走后门"。这种"后门"其实就是一种看不见的裙带关系网，类似于我们所说的"梯"。当然，利用后门去干违法乱纪的事情是万万不可的，但如果你想充分发挥你的才智，有所成就，在某些时候借助这些"梯子"还是必要的。尤其是刚走出校门，又缺乏社会经验的学生，要想在社会上谋得一份理想的职业，得到社会的承认和认可，就必须靠熟人或名人的引荐。

名人有一种天然的吸引力，是一种优质的传播"载体"。1988年韩国举办奥运会之际，韩国举行了盛大的迎奥运火炬长跑，身为三星集团CEO的尹钟龙"老人"也被企业对外宣传部请出上街参加了火炬长跑。如此，引起了媒体对尹钟龙、对三星的特别关注，无形中为企业做了一次免费广告。

人们总是有这样的心理，名人生活的环境是非凡的地方，与名人联系的必定是不一般的，基于这种心理，人们纷纷效仿名人，所以与名人沾边的东西也就容易成为抢手的东西。

同样，泰然周旋于权贵之间，也极易使人产生你来历不凡的错觉。

曾担任日本商社副董事长的海部八郎先生，是公认的才华横溢的人，同时也是一位地地道道的贴金大王。为增加自己的权威性，他经常亲密地称呼一些他从未见过面的政界大人物。他常对人这样说，"刚才田中先生打电话给我……"，或说"我刚刚参加过福田纠夫的记者招待会"。

随意称呼大人物的名字，是抬高自己身价的一种绝招。因为如何称呼人，往往是两人之间的社会地位和亲密程度的反映。如果你想借田中首相的名字抬高自己的身价，称首相不如称田中先生效果好，而称田中先生又不如称田中效果好，换句话说，越是随便，就越能给人以“自己与大人物亲密无间”的印象。

正所谓：“人微言轻，人贵言重。”由于名人是人们心目中的偶像，有着一呼百应的作用。权威人的一句话，无论其是否正确，都会容易引起别人重视。所以，我们翻看一些企业的宣传画册时也会发现这样一个共同点，就是他们大多都把国家领导人、社会知名人士与企业老总的见面及参观企业的照片放在显要版面，以显示企业的社会地位和影响。其实，这是典型的利用大人物和名人来提升传播影响力的做法。

名人总会受到媒体的青睐，这是无法改变的事实。一个有声望的人，即使是将平淡的一个“字”给了你，也要比1000个普通人长篇大论地给予的赞辞更有威力。像著名的专家、学者等，因为这些权威人物都有一定的威慑力量，他们的判断能力、鉴别能力是被社会公认的。他们认可的事情一般人都会相信是对的，不会产生怀疑。所以，你就可以请他们参与你想做的事情，因为他们可以有力向他人证明你是有实力的，所以你不想成功都不行了。

无论做什么事情，单靠个人的力量是不行的。借助一些有权力的人，或一些知名度较高的人的力量，如名人、亲戚、朋友、同学等的地位、名望、财富或权力“高”的人，尤其是那些德高望重的名人，他们有时就是你接近成功或走向成功的桥梁与阶梯，往往能帮你寻到走向成功的捷径。

方式88 善借“人言”这把软刀来办事

关键词:恰到好处·借势借力·善借“人言”

适用情境:当你做一件事情遇到难题时,可运用此方式。

古人云:“众口铄金,积毁销骨。”固然有些夸张,但舆论的力量确实是不可忽视的。

有个故事说,曾参居住的地方有个同名同姓的人杀了人,有人对曾参的母亲说:“曾参杀人了。”他母亲当然不信,继续织布。过了一会儿,又有一个人对他母亲说了同样的话……第三个人说曾参杀人时,他的母亲感到害怕了,于是扔掉梭子,越墙逃跑了。

这个故事告诉我们舆论的力量是多么巨大,在一次又一次的打击之下,即使是至亲之人也开始怀疑这是否是真的。

中国有句老话:“人言可畏。”可以说,是人都会害怕“人言”。历史上,秦始皇焚书坑儒是怕“人言”;刘邦往书生的帽子里撒尿,也曲折地透露出他对“人言”的惧怕;到了清代,惨无人道的文字狱,更是彻底暴露了清统治者禁锢“人言”的狰狞面目。

“人言”就像一把软刀子,你不知道它会从什么地方冒出来,然后对你造成伤害。周围的人如果都把“黑”说成“白”,久而久之,你也会觉得那就是白的。“人言可畏”,但“人言”也“可贵”。由于“人言”具有势不可挡的魔力,所以当你做一件事情遇到难题时,便可利用他人众口的力量给对方以压力,从而成就自己做事的目的。

以心理学的观点来分析,一个人在大团体中的个人意识会减弱,他会随着别人一起融入整个团体意识里。在这个时候,人们不会问起责任在谁,只会随着众人无理性的情感冲动以及暗示等，表现出自己与众人一致的情绪。

特别是在密闭的空间中，塞得满满的人群是最容易受到团体情绪感染的。一些年轻人在参加爆满的热门音乐会时，常会因太忘我与情绪激动而发生一些意外的伤害事件；或者在电影院里，人们多数会随着剧情与周围人的反应而掉泪、大笑、发怒等。这就是由于人在团体的一致性下，单个的人也会随着团体情绪而向众人靠拢。

在我们的身边还有许多例子可以印证这种群众心理的倾向。例如，在百货公司的拍卖场上，主妇们看到抢购的人潮，不禁也会上前加入人群中，经过一番推挤、争抢，提了大包小包地回家，才发现买下许多不必要的东西。

施加舆论压力，使对方"人云亦云"，在这样制造舆论压力的同时，如果有必要，还可以虚张声势。一些新产品在问世之初，往往不为人们所识，商店也不愿意经销这些产品，因为商店对新产品的社会需求量没有把握，对它的质量也缺乏信任，于是，虚张声势的招术就出现了。

曾有一家卖冰淇淋的连锁店在分店开张时，就雇用了一大群工读生，让他们围在店门前吸引顾客。这个策略一经实施，果然十分奏效，立刻便引来了一大批顾客。

这种现象，不仅在集聚的人群中起作用，有时在一个集体意见趋于一致时，它也会对个别人起作用。许多经验证明，要让那些没有主见的对手赞成自己的意见，就可以利用这种"舆论的力量"来作为攻心战术。

比如，有许多人对一件事总是迟迟不敢下结论。尤其是在谈生意时，最棘手的就是碰上优柔寡断的人，在现代这种繁忙的社会里，如果要等这种人做决定的话，那你根本做不成什么事了。这时，你就要利用公众舆论使他"人云亦云"，从而答应自己所提的要求。

再比如，推销员在向顾客兜售商品时，最习惯对人说的话就是"大家都买了这个东西"，或"隔壁和对面的太太都各买了一打"，这就是巧妙地运用了"舆论的力量"。事实上，"大家"是否真的都买了，人们是无法确定的，但是，只要讲"大家"就可以打动人们脆弱的心，促使他们采取行动。

舆论的力量是无形的，更是巨大的，而且它不是一种强制的力量，它的力量在于对人精神上、道义上的无形的影响。它没有任何强制作用，不能命令人们必须这样做、不许那样做，但是它却能够控制人心的向背，对于人们的思想和行动起到倡导和约束的效果。

因此，在对自己不利的情况下，你就可以动用“舆论的力量”，特别是这些“舆论”达到相当的敏感程度时，只要你稍稍加以暗示，就很容易操纵他们。

方式89 借他人之手，干自己之事

关键词：做事方法·借势借力·借手栽木

适用情境：当自己无力完成一件事时，可运用此方式。

在《圣经》中，有这样一则故事：

当摩西率领以色列子民前往上帝那里要求赠予他们领地时，他的岳父杰罗塞发现，摩西的工作实在超过他所能负荷的，如果他一直这样的话，不仅仅是他自己，大家都会有苦头吃。于是杰罗塞就想办法帮助摩西解决问题。

他告诉摩西，将这群人分成几组，每组 1000 人，然后再将每组分成 10 个小组，每组 100 人，再将 100 人分成两组，每组 50 人。最后，再将 50 人分成 5 组，每组 10 个人。然后杰罗塞告诫摩西，要他让每一组选出一位首领，而且这个首领必须负责解决本组成员所遇到的任何问题。

摩西接受了建议，并吩咐负责 1000 人的首领，只有他才能将那些无法解决的问题告诉自己。自从摩西听从了杰罗塞的建议后，他就有足够的时间来处理那些真正重要的问题，而这些问题大多数只有他自己才能够解决。

简单一点说，杰罗塞交给摩西的，其实就是要善于利用别人的智慧，善于调动集体的智慧，用别人的力量帮助自己解决难题。

俗话说:“一个好汉三个帮,一个篱笆三个桩。”中国上下五千年,古人尚能认识这些道理,何况社会发展到今天呢!

一个人,纵然是天才,也不是全能的。尼采鼓吹自己万能,结果发疯而死。所以一个人要想完成自己的事业,就必须要利用自己的才智,借助他人的能力和才干。借别人的手,栽自己的树,这就是借力最重要的技巧。

2000年,美国福布斯杂志评出的50位中国富豪中,其中第二十四名的张果喜,就是善于借别人的力量为自己办事的高手。

张果喜素有“巧手大亨”之称,他看准了佛龛在日本市场的潜力,就召集公司员工进行分析、达成共识,使产品在日本市场一炮走红,成为日本佛龛市场的老大哥。

公司为了经营的需要,在日本委托了代理销售商,但一些富有眼光的日本商人看到经营这种佛龛有大利可图,为了赚到更多的钱,就想绕过代理商这一关,直接从果喜实业集团进货。

张果喜仔细地考虑了这件事情。

从眼前利益来讲,从厂方直接订货,就减少了许多中间环节,有利于厂方的销售,然而,这样一来,就破坏了与代理商之间的关系,同时佛龛在韩国和中国台湾地区也有相当大的生产能力,代理商如果背着自己,与韩国或中国台湾地区生产厂家挂钩,岂不影响本公司的利益吗?

经过思量之后,张果喜果断回绝了那些要求直接订货的日本朋友,并把情况转告给了代理商,向代理商表示,公司在日本的业务全部由代理商处理,公司不通过其他渠道向日本出口佛龛。

代理商听后都很受感动,在佛龛的推销和宣传方面也下了很大的工夫,并且在日本市场打出了“天下木雕第一家”的金字招牌,从而使果喜集团的佛龛在日本市场上站稳脚跟。

在现代社会中,经济迅速发展,各行业各部门之间的竞争非常残酷,单靠一个人的能力是很难取得事业成功的。要成功,就要善于借用别人的力量,只有这样才能在事业的道路上取得更大成就和更灿烂的人生。所以,所有善于做人者都有一个共同的特性——他们都懂得如何有效地同别人打交道，懂得如何借助他人之手，帮助自己做事，并且在这一环节中保证双方的利益。

每个人都渴望实现自己的人生目标，但是如果不善于借助别人的力量都是难以成功的。正所谓："助人亦助己。"这样对双方才会只有益而无弊。可见，最智慧的做人之道是——你为别人提供急需的东西，人家也会满足你的需求，如果你不相信这一点，甚至嘲笑这一点，那么你早晚会成为一个假聪明的人。

所谓："孤掌难鸣，独木不成桥。"在这个世界上没有完美的人，你不完美，他也不完美，但如果你们可以完美地结合在一起，就能取得意想不到的成果。我们时常看到有些没有血缘关系的人，结成亲兄弟般的友谊，互相帮助、互相提携，虽然看起来是"利用"关系，实则互取所长，互补其短。所以，这种"利用"并不全是丑恶的东西，而是各取所需。

俗话说："几多种树不成荫，借手栽木却成林。"人人都有所短所长，借用他人之手去做事，反而更能利己利人，所以该借人时当借人，这样才是聪明人。

当我们无力去完成一件事时，不妨向身边可以信任的人求助，也许对我们来说费力的事情，对他们来说却可能不费吹灰之力就能轻松"搞定"。

方式90 多方巧借自己欠缺的东西

关键词：做事方式·借势借力·多方巧借

适用情境：需要他人帮助时，可运用此方式。

一个人，无论在工作、事业、爱情和其他各方面，都离不开人与人之间的相互利用。因为各人的能力有限，以及人际关系有所不同，所以必须相互利用。借他人之力，让别人为自己办事，正是一个人高明的地方。

战国时代，齐国公子孟尝君就是最善于汲取众人之长清除各种障碍的人了。

孟尝君养食客三千，各色人才集聚一堂，一有任务便各显其能，有效合作，甚至“鸡鸣狗盗”之徒他也善加利用。

有一次，他正准备出使秦国，突然事情有变，秦国要加害于他，他的一位手下善偷，就盗来通行秦国的重要牌证，到达秦国边关时，天还未亮，城门不开，后面追兵渐进，形势危急，有手下善口技者就学鸡鸣三声，守关士兵以为就要天明，便打开城门，孟尝君得以顺利出关，逃过一劫。

很显然，孟尝君个人的显赫离不开他这些朋友们的帮助。

善于借助别人的力量，善于利用别人的智慧，广泛地接受多家的意见，多和不同的人聊聊自己的构想，多倾听别人的想法，多用点脑子来观察周围的事物，多静下心来思考周围发生的一些现象，这将会让你受益匪浅。

不管做什么决定，多个人的智慧总是超过单人的智慧。每个人都有自己的知识面，都有自己的智慧，把大家的知识聚在一起，这就形成了知识的海洋。

从前社会上有一种人叫“媒婆”，专门从事介绍男女相识、牵线搭桥的生意。那时候男女授受不亲，结婚前不能恋爱约会，有什么要求愿望全靠她来传递，可见这项工作何等之难！如果没有一张伶牙俐齿，不会察言观色，没有一套过硬的交际本事，恐怕是难以胜任的。

如果你在求人时，能够找到这样一位人才，让他尽其所能，从中撮合，传递信息，论理说情，真是再好不过了。要想更好地立足于社会，就要尽可能多交几个朋友，来拓展自己的人际关系。只有朋友多了，视野才更开阔，生活才更充实，自己的帮手才会越来越多。

在我们今天的社会里，想要靠单枪匹马笑傲江湖，是越来越难了。交友就是每个人所必需的，每个人都需要合作伙伴。所谓“一个好汉三个帮”、“红花还要绿叶扶”，就是说现代人要有合作意识，共同创业。

香港著名的圣安娜饼店的创始人——霍世昌，就是靠朋友得以发迹的，可以说朋友给他了许多有益的启迪。

现年40岁的霍世昌是圣安娜饼店的创始人之一。但屈指一算，这饼店成立至今已有整整18年的历史了，他当时只是一个22岁的毛头小伙子，当人们向他提出是如何创业成功此一疑问时，他笑着回答道："你猜错了，我是靠借钱开饼店，靠朋友发财的。"由如此爽脆的答案中你应该明白他当时的情形。

"当时我在电灯公司工作，是有关技术维修方面的。那时还未结婚，但已有女朋友，她很喜欢弄些点心、蛋糕之类食品，味道嘛，真是不错。她是跟一位师傅学习的。我便想，徒弟已经有如此成绩，师傅当然更好，因此便萌升起开饼店的念头。然而那时的西饼业在香港并没有呈现出现在的这种蓬勃势头。我想这是一项有作为的生意，便跟她的师傅商量研究。我俩都赞成这个计划，但最重要的问题是资金缺乏，于是，便决定找朋友支持。我先是做出一份包含预算、地点、资金、经营方针等详细内容的可行性计划书。然后，便找一朋友商量。当这位朋友看过后，他很顺利地接受了计划书。我们3个人便成为合伙人，直至现在。"

当初靠借钱开饼店，现今每年都增设一间分店，1997年香港回归后，霍记饼店的生意更红火了。

这不仅是例子，是故事，更是启示。正所谓："远亲不如近邻。"借身边的朋友之力，将会对你的事业大有帮助。假如你是一个善借高手，朋友也将会为你的成功"添砖加瓦"。

借人之力，利用他人为自己服务，以让自己能够高居人上，这是一个人很难能可贵的地方。尤其对自己所欠缺的东西，更要多方巧借。如果失去了他人的帮助，不能利用他人之力，任何事业都无从谈起。

方式91 以子之矛，攻子之盾

关键词：借势借力·以子之矛·攻子之盾

适用情境：当别人先对你发难时，可运用此方式。

在办事说话过程中，当采用直面路线无法达到成功时，“以子之矛，攻子之盾”就是最有杀伤力的。

《韩非子》中有这样一个典故，就是我们常说的“自相矛盾”的故事。

古时，有一个人在大街上卖兵器，他举起手中的矛吹嘘说：“这是天下最锋利的矛，什么盾都能刺穿。”然后，他又拿起一个盾，说：“这个是天下最坚固的盾，什么矛都刺不穿。”

这时，一个老人走过来，问他：“用你的矛来攻击你的盾，那结果会怎么样呢？”

这一问，一下使这个人哑口无言了。

什么东西都可以刺穿的矛，什么东西都刺不穿的盾，两者是根本不可能同时存在的，就像万能的上帝无法造出一块他自己都搬不动的石头一样。

“以子之矛，攻子之盾”就是做事手段中一种比较奏效的处理艺术。

有一次，一位商人见到诗人海涅，由于海涅是犹太人，于是这个商人便想捉弄一下他。

他对海涅说：“我最近去了塔希提岛，你知道在岛上最能引起我注意的是什么吗？”

海涅说：“你说吧，是什么？”

商人说：“在那个岛上呀，既没有犹太人，也没有驴子！”

海涅回答说：“那好办，要是我们一起去塔希提岛，就可以弥补这个缺陷。”

这里商人把“犹太人”与“驴子”相提并论，显然是暗骂“犹太人与驴子一样，无法到达那个岛”，而海涅则听出了对方的侮辱和取笑，回答时话里有活，暗示这个商人是个驴子，使商人自讨没趣。

在交际、办事过程中，因对方的有意刁难，或恶意相向，使我们自己处于窘迫、尴尬、受辱、不利的地位，这时候，就应该逆势而行，针锋相对，以牙还牙，让他自食其果。

还有一件事是关于美国前总统林肯的。

在林肯当总统之前，曾在律师事务所当过一段时间律师。

有一次，他得悉朋友的儿子小阿姆斯特朗被指控为谋财害命，已初步判定有罪。他以被告律师的身份，到法院查阅了全部案卷。

他查出，全案的关键在于原告方面的一位证人福尔逊，因为他发誓说在10月18日的月光下，清楚地目击小阿姆斯特朗用枪击毙了死者。对此，林肯要求复审。

在这场精彩的复审中，林肯问证人：“你发誓说看清了小阿姆斯特朗？”

福尔逊：“是的。我在10月18日晚上亲眼目睹小阿姆斯特朗用枪把死者打死了，这是千真万确的。”

林肯问道：“你能发誓你能认清是小阿姆斯特朗？”

福尔逊回答说：“是的，我可以发誓。”

林肯：“你当时在草堆后，小阿姆斯特朗在大树下，你们相距二三十米，你能看清楚吗？”

福尔逊：“看得很清楚，因为当时有月光，月光也很明亮。”

林肯：“你肯定不是从衣着方面看清他的吗？”

福尔逊：“不是的，我肯定看清了他的脸，因为当时月光正好照在他的脸上。”

林肯：“你能肯定时间是在11时吗？”

福尔逊：“充分肯定，因为我回屋看了时钟，那时是11时15分整。”

林肯问到这里，就转过身来，发表了一席惊人的讲话：“我不能不告诉大家，这个证人是一个彻头彻尾的骗子。他一口咬定10月18日晚上11时在月光下看清了被告的脸。请大家想想，10月18日那天是上弦月，晚上11时月亮已经下山，哪里还有月光？退一步说，也许他时间记得不十分精确，时间稍有提前。但那时，月光是从西往东照，草堆在东，大树在西，如果被告的脸面对草堆，脸上是不可能有月光的！”

大家先是一阵沉默，紧接着掌声、欢呼声一起迸发出来，福尔逊也傻了眼。

这就是聪明人最体面，并且最富有智慧的对付居心叵测的伪君子的办法，以其人之道还治其人之身，以子之矛，攻子之盾。事做得恰到好处，话说得恰如其分，以此将他们置于尴尬境地，苦笑不得，心里窝火，却无法发泄出来。

作家荷姆斯曾说：“夸人只需要舌头，骂人却需要智慧。”的确，钟的完美不在于走得快，而在于走得准确；指责别人的话不在于脏，而是在于是否能切中这个人的要害……

拿别人攻击你的言语，或者他自己曾经说过的话、做过的事来攻击他，由于是对方先发难的，因此即使气得牙痒痒的，也不能做什么有力的反驳了。

第十二章

恰到好处地拿捏分寸

留一点城府，三思而后行

我们在人群中生活，随时都在观察着、探测着别人，也被别人探测着。在还相对陌生的人之间，一些随时发生的具体事件，则会成为大家评判一个人胸怀和性格的基础。所以，有些事你需要三思而后行，尽量按照一个成熟的社会人的标准行事。

方式92 学会保守秘密，别让人轻易把握你的动向

关键词：守秘密·去戒心·心机

适用情境：在秘密成为人所共知的事实之前，需运用此方式。

普通人有一个共同的毛病：心里搁不住事情，有一点点喜怒哀乐之事，就总想找个人谈谈；更有甚者，不分时间、对象、场合，见什么人都把心事往外掏。

有这样一个实验，有人在办公室里故意告诉身边一个人一条无关紧要的花边新闻，结果很快，这个新闻就通过别人传开了。

所以，你不要期望别人为你保守秘密，假如你果真有什么秘密的话，请把它保存在自己的心里。尤其应该警惕的是，如果你在事业上有什么想法或者野心，在它成为人所共知的事实之前，绝不适于与任何人分享。

李达是一家电脑公司的技术人员，跟老板相处得就像哥们儿似的。一天下午，李达加班加得很晚，老板请他吃晚饭。几杯酒下肚，李达头脑一热，说他也想开一家电脑公司。

老板一愣，但很快恢复了正常表情，并鼓励李达说："年轻人就应该有闯劲儿，我支持你。"李达说："我现在的技术还说得过去，但对销售还是一知半解。"老板说："一边工作一边学习嘛。凭你的能力，再干上两年就能独当一面了。"李达说："你放心，两年之内我是不会走的。"

一周后，公司又招聘了一名技术人员，李达也接到了解聘通知。李达一脸茫然，找老板询问。老板一本正经地说："在我的公司里，你已经没有什么需要学习的了。你应该多走几家公司，多积累点经验。我是从你的自身发展考虑才忍痛割爱的。"

李达蓦然省悟自己为什么被炒鱿鱼了，都是因为自己跟老板交心，才让老板抓住如此"富有人情味"的把柄！

不管关系多么亲密，老板永远是你的老板，他是“资”方，你是“劳”方，你们很难有共同的利益和共同的语言。人在江湖，应该把底牌牢牢地抓在自己手里，和各方面的力量能远也能近，这样就更容易赢得权力并加强自身的影响力。关注你的人越多，你的价值提升得就越快，影响力也就越大。放在桌子上的筹码增加了，想要的东西就越容易得到。

1968年，美国总统大选期间，基辛格给尼克松的竞选团队打了一个电话，明确表示他可以向尼克松阵营提供宝贵的内部情报，尼克松团队高兴地采纳了他的提议。在这次竞争中洛克菲勒也是竞选人之一，但是他失败了，而基辛格一直以来都是洛克菲勒的盟友。

与此同时，基辛格也向民主党的提名人韩福瑞表示了他的这种意愿，韩福瑞要求他提供尼克松那边的内部消息，基辛格就把尼克松的一切全盘托出了。

其实他真正想要的就是内阁的位子，而尼克松和韩福瑞都答应给他这个位子，不管谁赢了大选，基辛格都将从中获利。

最后，胜利者是尼克松，基辛格顺利地当上了内阁总理，但他仍然小心翼翼地与尼克松保持一定的距离。当福特上台时，原来与尼克松非常亲密的人都被迫下台了，而基辛格又成为福特的官员。因为与尼克松保持了适当的距离，他很幸运地得以留任，继续在动荡的年代里叱咤风云。

人们往往尊重那些保留自己独立立场的人，因为这种人让别人无法掌握。而心事的倾吐会泄露一个人的脆弱面，这脆弱面会让人改变对你的印象，虽然有的人欣赏你“人性”的一面，但有的人却会因此而下意识地看不起你，最糟糕的是脆弱面被别人掌握住，会形成他日争斗时你的致命伤，这一点不一定会发生，但你必须预防。

任何人，若能在保守秘密这个问题上处理得当，就不会因泄露秘密而把事情搞得复杂化，或者使自己陷入身败名裂的境地，从而保持着良好的个人形象，成就一番事业。

然而，闭紧心扉，心事“滴水不漏”也不是好事，因为这样你就成为一个城府深、“心机”重、不可捉摸的人了。如果你本就是这样的人，就没有太大关系，如果不是，给了别人这种印象是划不来的。

所以，真正有“心机”的人应该这样做：偶尔也要说说无关紧要的“心事”给你周围的人听，以降低他们对你的揣测与戒心。

方式93 即使刚做了露脸的事儿，也不必口出狂言

关键词：露脸事·懂给予·舍得

适用情境：面对荣誉与利益时运用此方式。

在竞争日益激烈的社会，表现自己，使自己获得一份好的工作和好的回报是无可厚非的。但是，表现自己要分场合、分方式。表现自己的时候，态度一定要诚恳，尽量不要让你的表现看上去矫揉造作。特别是在众多同事面前，如果只有你一个人表现得特殊、积极，往往会被人认为是故意推销自己，常常会得不偿失。一个聪明的人在成功地做完一件事时会谦虚地说：“功劳是大家的。”

在某单位的一次公开招聘中，小陈战胜了其他几位竞争对手登上了经理宝座，许多同事对他表示祝贺和赞赏，有人甚至当众夸奖他是几位候选人中实力最强的。小陈却坦诚说道：“其实几位候选人各有千秋。论管理我不如老张，论经营我不如老周，论公关我不如小王。”后来，小陈不但以诚意挽留了这几位竞争者，而且在组建班子时根据各自特长作出了相应安排。宽厚的气度使他赢得了大家的尊重，也使他在工作中取得了显著成效。

自然、真实地展现你的能力和才华值得赞赏，只知刻意地自我表现则是最愚蠢的。卡耐基曾指出：“如果我们只是要在别人面前表现自己，使别人对我们感兴趣，我们将永远不会有许多真实而诚挚的朋友。”在职场，要想与众不同，得到同事的肯定和老板的赏识，的确需要适当表现自己的能力。但很多人往往陷入这样的误区，那就是在错误的时间，错误的地点表现自己，不知什么是收敛。同事之间处在一种隐性的竞争关系之下，如果一味地刻意表现，不仅得不到同

事的好感，反而会引起大家的排斥和敌意。

有的人做出了点成绩，总是在人面前谈论，甚至还借此来贬低别人，以此来显示自己的优越性。这种做法是最愚蠢的，总想让别人知道自己很有能力，处处想显示自己的优越感，希望从而获得他人的敬佩和认可，结果却失掉了在同事中的威信，这样做实在是捡了芝麻丢了西瓜。有德行的人要做到不炫耀自己的聪明，不显示自己的才华，这样才能够有力量担任艰巨的任务。

当年乔丹在公牛队时，皮彭是公牛队最有希望超越乔丹的新秀，他时常流露出一种对乔丹不屑一顾的神情，还经常说乔丹某方面不如自己，自己一定会把乔丹推倒一类的话等。但乔丹没有把皮彭当做潜在的威胁而排挤，反而对皮彭处处加以鼓励。

有一次乔丹对皮彭说："我俩的三分球谁投得好？"皮彭有点心不在焉地回答："你明知故问什么？当然是你。"因为那时乔丹的三分球成功率是28.6%，而皮彭是26.4%。但乔丹微笑着纠正："不，是你！你投三分球的动作规范、自然，很有天赋，以后一定会投得更好，而我投三分球还有很多弱点。"并且还对他说，"我扣篮多用右手，习惯地用左手帮一下，而你，左右都行。"这一细节连皮彭自己都不知道，他深深地为乔丹的无私所感动。

从那以后，皮彭和乔丹成了最好的朋友。而乔丹这种豁达大度的品质则为公牛队注入了难以击破的凝聚力，从而使公牛队创造了一个又一个的神话。

在日常生活中，我们经常看到的是一些非常看重自己的人。他们总以为自己很了不起，高高在上，盛气凌人；总以为自己博学多才，满腹经纶，一肚子学问，一心只想干大事，创大业；总以为自己妙手通天，别人什么都不行，只有自己最行；总以为自己出身高贵，苦活累活是别人的事情，自己怎能吃苦受累？于是，稍不如意，便牢骚满腹，怨天尤人。说穿了，这是太看重自己导致的心理失衡。

如果一个人过于抬高自己，就会摆不正自我与他人之间的关系，这种人总是认为只有自己才行，其他人统统都不行。由于他总是目空一切，其结果只能是脱离大众。

如果一个人过于抬高自己，处处表现自己，那么，这就意味着他在所有方面都“剥夺”了其他人施展才华、能力的机会，无形之中增加了与他人矛盾、冲突的可能性，结果是：他使自己处于“众叛亲离的境地之中。

当你为别人提供了方便，使别人得到满足，反过来别人也会设法为你提供方便，乐于成人之美的人总能得到别人的帮助和配合。所以推荐别人也等于推荐自己，成就别人的同时，并非一定会损伤自己。成功的关键在于，知道什么时候给予，什么时候获得。

方式94 计划没有变化快，遇事不要轻易拍胸脯

关键词：拍胸脯·吹牛皮·余地

适用情境：面临别人委托之事时运用此方式。

有些人性情直率、为人豪爽，遇事喜欢大包大揽，“包在我身上”、“放心等我的好消息吧”等等是他们的口头禅。然而俗话说得好“计划没有变化快”，世事的发展变化，常常在我们的意料之外，即使你很有把握的事，也可能随时出现一些小岔子。事情办不成，回头再去见你的托付人，你的信誉就要大大地打折扣了。

小崔和小郝都是学电子工程的，在大学是睡在上下铺的兄弟，毕业后，他们各自回到家乡所在的城市工作。

一别三五年，这天小郝趁出差的机会来看小崔。老同学见面，分外的亲热，他们找了一个小酒馆喝酒叙旧。几杯啤酒下肚，小郝发起了牢骚，他说自己在单位干得很不开心，上挤下压不说，待遇也很差。早就想自己出来单干了，他想注册一个小公司，凭技术吃饭，前景十分看好，只是资金成问题。去年父亲有病，做肾移植花了一大笔钱，家里那边的亲朋好友都资助过，现在说不好再张口，真是没有办法啊！小崔一听，顺口说道：“有兄弟呢！你怕啥？还能让这点儿小事难住了。”小郝一听大为高兴，两人又干了几杯。

第二天冷静下来，小崔才发现借钱这事儿太困难，女友那边还等着买房子结婚，自己本来还为这事发愁，怎么头脑一热又给自己揽上了这么一档子事儿？无奈之下，只好打电话说明了自己的难处。那一边，小郝却很不满意，答应了的事情而不办，分明是种推诿，根本就没把自己当朋友。多年的交情，这时就出现了一道看不到的裂痕。

熟悉的朋友尚且如此，如果是相交不久的陌生人，类似事件出现一次，对方都可能直接把你打入“言而无信、办事不牢”的冷宫。

“吹牛皮”的人，常常是外强中干的，而且他们的目的只不过是为了引起大家对他的关注，以满足自己的虚荣心。与人相处，贵在讲信用。自己不能办到的事情，胡乱吹嘘，会给人一种华而不实的印象。比如，有人在酒桌上几杯酒下肚后，便开始吹嘘：和某某局长铁哥们，和某处长是朋友，和某某市长是亲戚等等，简直是有通天的本事，似乎无所不能。在座的人说起生意上或事业上的难处，这位老兄便拍胸脯、打包票说：“没问题，这事全包在我身上。”待酒一醒，才发觉他摊上了麻烦，自己根本没有能力帮人办事。

帮助别人本身无可厚非，关键是量力而行。不看清自己的实力，什么事都说“我能行”，这与一个莽汉没有什么区别。你要为你所说出的话负责，就必须“三思而后言”。

我们自己应该是最了解自己的，能吃几碗饭，能干多少事，对于没有十分把握的事儿，不如实事求是，只表示自己会全力以赴就可以了。如果只为表现自己的实力，给人留下一个意气风发的好印象而大包大揽，万一事情不像自己想象中的那么顺利，对方除了要怀疑你的能力之外，也会怀疑你是否有自知之明。

把话说满，人们对你的期望值也随之升高，当时的场面也许很好看，但是后面的麻烦就多了。你能出色完成任务，人们会以为这是情理之中的事儿，并不会给你太多的感激或者嘉奖；而你办一办砸了，他们的热情会一下子降到冰点，你在他们心目中，从此就会留下一个大言不惭、华而不实的印象。有事大包大揽，实在是有百害而无一利，绝不是一种聪明的作法。

有一个非常重要的处世经验我们必须要牢记，那就是凡事要留三分余地，任何时候都不要把话说绝。

人说话留有余地，就可以在情况发生意外变化时，自己可以从容转身，免得出现自己打自己嘴巴的尴尬。所以，很多人在面对他人的询问时，都偏爱用这些字眼，诸如：可能、尽量、或许、研究、考虑、评估、征询各方意见……这些都不是肯定的字眼。他们之所以如此，就是为了留一点儿空间，好容纳“意外”；否则一下子把话说死了，结果事与愿违，那不是很难堪吗？

自吹自擂也许一时、一事、一地可能会捞到好处，蒙别人一把，满足自己一下，可从长远来看，若养成信口开河、自吹自擂的习惯，那你必定招致周围人的讨厌，影响你事业的成功、做人的完美。

方式95 冲动不成熟的表现，最让合作者担忧

关键词：较真儿·忌冲动·情绪

适用情境：面对对方攻击时运用此方式。

在生活中，有的人总是拿什么都当真事儿，特别爱钻牛角尖儿。尤其是对一些鸡毛蒜皮的小事争得不亦乐乎，说着就较起真儿来于非得决一雌雄才算罢休，结果大打出手，或者闹得不欢而散、同事结怨、反目成仇。以至因小失大，后悔莫及。

在非洲草原上，有一种不起眼的动物叫吸血蝙蝠。它身体极小，却是野马的天敌。这种蝙蝠靠吸动物的血生存，它在攻击野马时，常附在马腿上，用锋利的牙齿极敏捷地刺破野马的腿，然后用尖尖的嘴吸血。无论野马怎么蹦跳、狂奔，都无法驱逐这种蝙蝠。蝙蝠却可以从容地吸附在野马身上，落在野马头上，直到吃饱喝足，才满意地飞去，而野马常常在暴怒、狂奔、流血中无可奈何地死去。动物学家们在分析这一问题时，一致认为吸血蝙蝠所吸的血量是微不足道的，远不会让野马死去，野马的死亡是因它暴怒的习性和狂奔所致。

细想一下，这与现实生活有着惊人的相似之处。将人们击垮的有时并不是那些看似灭顶之灾的挑战，而是一些微不足道的鸡毛蒜皮的小事。一些人常常被困在这些有名和无名的忧烦之中，这种忧烦一旦出现，人生的欢乐便不翼而飞，生活中仿佛再没有了晴朗的天，真是吃饭不香，喝酒没味，干工作没劲，干事业没心，玩没意思。这一切，只因为他们陷入了多余的忧烦之中。

也正是因为这些鸡毛蒜皮的小事，却消耗了人们大部分的时间和精力，严重影响了人们的生活质量，使生活失去光彩，最终让一大部分人一生一事无成。显然，这是一种最愚蠢的选择。

于嘉是一家软件公司的行政助理。她的老板姓陈，是位知识分子型的企业家，白手起家打下一片天地，如今在业内小有名气。

一次，于嘉陪老板陈先生约见一位客户，他们在茶楼边品茶边商谈合作事宜。相谈正欢，茶楼的一位服务员小姐送点心上来，他们点了三份茶点，这位服务员忙中出错，只送了两份上来。那位客户见此情形勃然大怒，一边拍桌子一边埋怨茶楼怠慢客人，把那个年轻的服务员吓得除了连声道歉再也说不出什么话来。

陈先生倒是非常平静，他只是吩咐服务小姐再补一份点心，然后又接着和客户聊起来。

回公司的路上，陈先生告诉于嘉中止与这位客户的会谈，另找合作伙伴。于嘉不解，陈先生说："他遇事太冲动，不像是能稳住大局的人，如果我们与他合作，可能会因为一些小事磨合不好而节外生枝。"

《劝忍百箴》中认为：顾全大局的人，不拘泥于区区小节；要做大事的人，不追究一些细碎小事；观赏珍贵玉石的人，不细究它的小疵；得巨材的人，不为其上的蠹孔而怏怏不乐。因为一点瑕疵就扔掉玉圭，就永远也得不到完美的美玉；因为一点蠹孔就扔掉木材，就得不到完美的良材。

有人说，你每天考虑的事情，就代表你自身的价值。如果我们每天都在考虑着那些鸡毛蒜皮的小事，我们其实就是在将自己贬得一文都不值。如果你还看得起自己，那好，就不要为那些无谓的小事浪费心神了。"大行不顾细谨，大礼不辞小让"，那些没用的小事就由它们去吧，咱还要留着有用之身干大事呢！

从 1930 年开始，统治埃塞俄比亚长达 40 年的海尔·塞拉西，年轻时原名塔法里·马康南，他出身贵族家庭，很小的时候，他就展现出充分的自信与王者之风，令身边的每一个人都称奇。

塔法里 14 岁便进入宫廷，他立刻给国王曼涅里克留下深刻印象，并成为他的宠儿，塔法里受到攻击时的优雅风度、他的耐性以及沉着的自信受到国王赏识。其他年轻贵族，既傲慢自大又装腔作势，而且嫉妒心强，他们总是欺压这位带着书卷气的瘦小少年。然而塔法里从来不发怒，他知道发怒是缺乏安全感的表现，而他不会屈服于这样的情绪。他身边的人已经感觉到他总有一天会成就大业，因为他的表现仿佛已经坐上了王座。

1936 年，意大利的法西斯党攻占埃塞俄比亚，已改名为海尔·塞拉西的塔法里流亡国外，他在国际联盟发表演说，请求协助。听众席上的意大利代表以粗鄙的辱骂妨碍他演说，但是他依然保持尊贵姿态，仿佛完全不受影响。这使得他更受推崇，也让他的对手看起来更加丑恶。

事实上，尊严是你处在困难局势时必须要戴上的面具，仿佛任何事情都影响不了你，你拥有全世界的时间来回应，这是极为有力的姿态。

人作为群体的、社会的动物，几乎在你做每一件事情的时候，都有人在一旁观察着你、掂量着你。那么，我们应当尽量做到该精明时精明，该糊涂时糊涂，给对方一个觉着稳定的好印象，同时也铺平自己前面的路。